序 言

由于有了大自然的无私奉献，人类才得以生存于这个色彩绚丽的世界之中。从每年的春夏秋冬到每天的朝霞余晖，人们饱览和感受了各种不同的色彩变化。我们认识这个世界的美丽也是从色彩开始的，色彩不仅象征着自然的迹象，同时也象征着生命的活力，没有色彩的世界是不可想像的。现代的艺术家们正是从色彩的世界中得到了足够的灵性而开始了他们富有特殊意义的艺术旅程。

现代设计的色彩研究正在随着设计理念的不断变化而快速发展，作为现代设计的重要组成部分，色彩在设计中的作用显而易见。当我们在为设计作品中色彩的精彩表现而陶醉时，也不得不为设计师的匠心独运而感叹。设计作品的色彩取向往往带有浓郁的时代背景，而时代的变迁又往往依赖于社会的政治、经济、文化、艺术等各方面的综合发展。在设计领域里，我们所说的各个设计专业的时代特征通常都可以从设计作品及生产的产品色彩中找到答案，如服装设计流行色彩的发布预示着着装风格及着装文化的改变与流行；环境艺术设计中也同样有着流行色与装修风格的主流走向；工业产品设计的色彩变化同样强调时代的鲜明性。如果我们能够多加留意和观察设计作品的色彩变化，就会发现许多有趣的现象：人们在不断变化自己的服装色彩，今年爱穿红色和黑色，明年爱穿白色和棕色；家居的色彩也是一年一个样；装修的色彩风格时而华丽，时而典雅，多少体现了人们对时代的进步与变化的积极反应以及对美好生活的强烈追求。在家电产品中，过去所提到的黑色家电指的是电视机，白色家电指的是冰箱、空调和洗衣机，但在今天的产品设计中，为了更好地迎合人们不同的欣赏习惯及审美需求，家电的色彩设计已经变得非常的丰富和多样化，除了黑色和白色，我们还会看到灰色、蓝色、绿色和紫色等多种色彩的家电产品，极大地丰富了人们的生活。没有设计的中国已成历史，没有色彩的中国也已过去。现代设计在中国虽然年轻，但充满活力；设计色彩的研究和教育虽然起步较晚，但却前程似锦。我们在国内外众多设计师及专家的色彩运用和研究成果的基础上，作了更进一步的拓展与探索，从不同角度和视角分析了设计色彩的相关特征和风格，使色彩研究更加全面和具有较强的艺术性和学术性。

《现代设计色彩教材丛书》在各位同仁的大力支持下，即将与广大的读者见面，我们颇感欣慰与遗憾，欣慰的是本套丛书在经历两年的艰苦耕耘下终于告一段落，完稿成书。遗憾的是本书的编写仍然有许多不足和欠缺，还希望各位读者给予批评和指教。

本书录用的图稿既有教学中学生的作品，也有国内外设计师的优秀作品，风格极为多样化，具有着很高的学习及鉴赏价值。

停笔之前，再次感谢为此书的编写给予过帮助的老师、同学及各位朋友。

编者写于广西艺术学院设计学院
2004 年 12 月 6 日

目录

BayCare
Behavioral Health Centers, Inc.

PISA
Colosseum

NTT

3º
SEMINÁRIO do
TECNOLOGIA
do PLÁSTICO

CHESTER'S
GRILL

Go Daddy
SOFTWARE

CANTON MARKET

THE PLAZA

CALTEX

城邦
cité 城邦
天道書樓有限公司
Tien Dao Publishing House Ltd
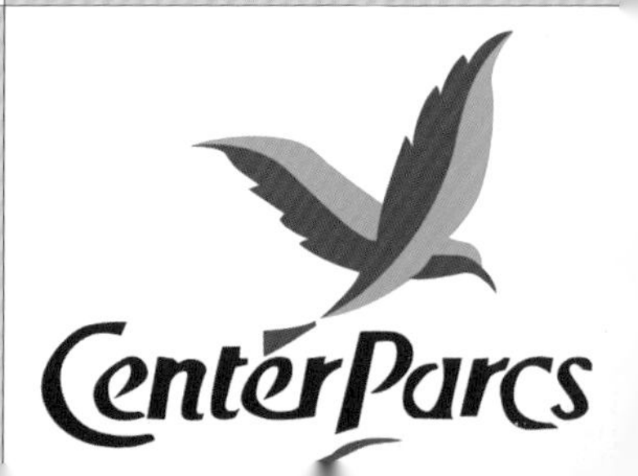
CenterParcs

第一节 VI的概念及内容

企业视觉形象犹如人的外在装扮，服饰搭配能够体现一个人的整体风貌、形象特征，并且通过着装还可以展现个人的品位修养及精神面貌。企业视觉识别系统扮演的就是这样一个外在形象的角色，它恰到好处地在企业与社会大众之间构建了一个直观化的视觉沟通平台。

企业视觉形象首当其冲的是标志图形，标志图形包含三个基本要素：造型要素、色彩要素和文字名称要素，三者中对视觉首先产生刺激的是色彩。一般说来，标志图形的色彩通常会作为企业首推的形象色，因此，色彩的定位就显得很重要了。我们经常谈论的视觉形象识别就称为“VI”。

那么，什么叫“VI”？什么叫“CI”？一些企业对这两个概念容易混淆，一般是拿出提案，交给设计人员，要求设计人员给他们设计一套“CI”，还有的企业认为拿到这本所谓“CI”，将企业内外“打扮”一番，刷上统一的颜色，企业从此就跃上了一个档次，市场决胜权就紧握手中了。这种表面功夫只能说是“CI”的意识萌芽。不专业带来的直接后果是VI设计工作的流水线作业，企业形象定位程式化，企业理念成了崇高、虚空的口号，表现得盛气凌人或不食人间烟火。殊不知“CI”是一项庞大的系统工程，是信息社会中行之有效的形象战略，是基于企业与专业人士的鼎力协作、本着互信互重的原则而凝聚成的智慧的结晶。这里引用一段文字对CI的概念进行阐述：

CI的英文意思包含如下两个层面的意义：

1.Corporate Image 企业形象：优良的企业形象是企业追求的目标；

2.Corporate Identity 企业识别：是传达并建立企业形象的手段，中文翻译为“企业形象识别系统”，其定义是：将企业经营理念与精神文化，运用整体传达系统（特别是视觉传达设计）传达给企业周围的关系或团体（包括企业内部与社会大众），并对企业产生一致的认同感与价值观。

企业识别体系（Corporate Identity System）即企业识别系统或企业形象战略（缩写为CI或CIS）。CI由以下三个方面构成：MI（Mind Identity）经营理念识别，BI（Behaviour Identity）经营活动识别，VI（Visual Identity）整体视觉识别，三者相辅相成，缺一不可。CI是企业形象战略的统称，VI是其中的一个部分，是企业的整体视觉形象，属于穿衣戴帽的视觉设计范畴，它包括企业标志、企业标准字、企业统一的标准用色三个大的基本要素，并将这三个基本要素具体运用实施到企业的各项事务和对外宣传活动中。

VI作为整体视觉形象识别系统，包含两个方向的内容：商品形象识别和企业形象识别。商品视觉形象识别是针对某项商品投放市场的专署识别系统，企业视觉形象识别是企业整体文化特性的反映和经营理念的综合体现。在物质丰富、品种多样化和同质化的时代里，企业已逐步意识到单一的产品销售已经难敌整体品牌形象的推广。

VI的具体内容包括如下两大块：

企业视觉识别系统的基础要素：企业名称、图形徽标、企业名称标准字、企业基本造型（吉祥物和辅助图形）、企业色彩系统、标志与标准字的组合。基础要素是整个识别系统的核心与元素，也是企业无形资产的主要架构，是整套VI设计的关键所在。而色彩就像一根导线，贯穿于这一系列要素的始终。

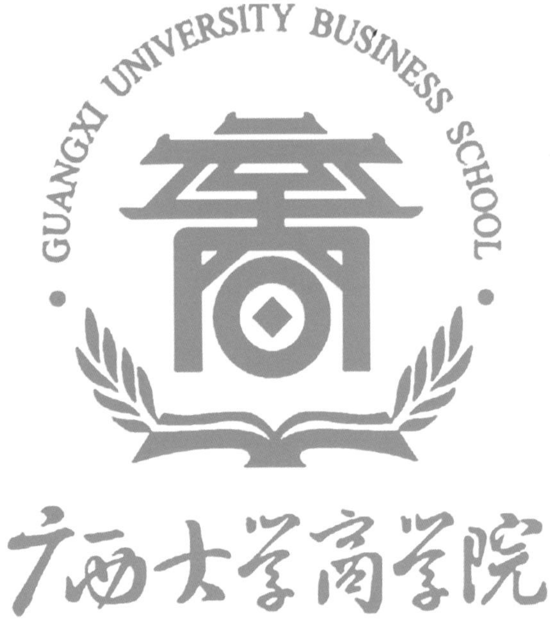

标志及标准字

标准色及辅助色

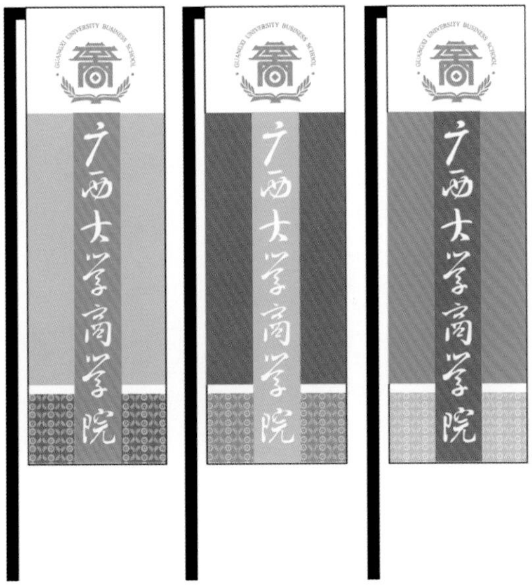

POP挂旗

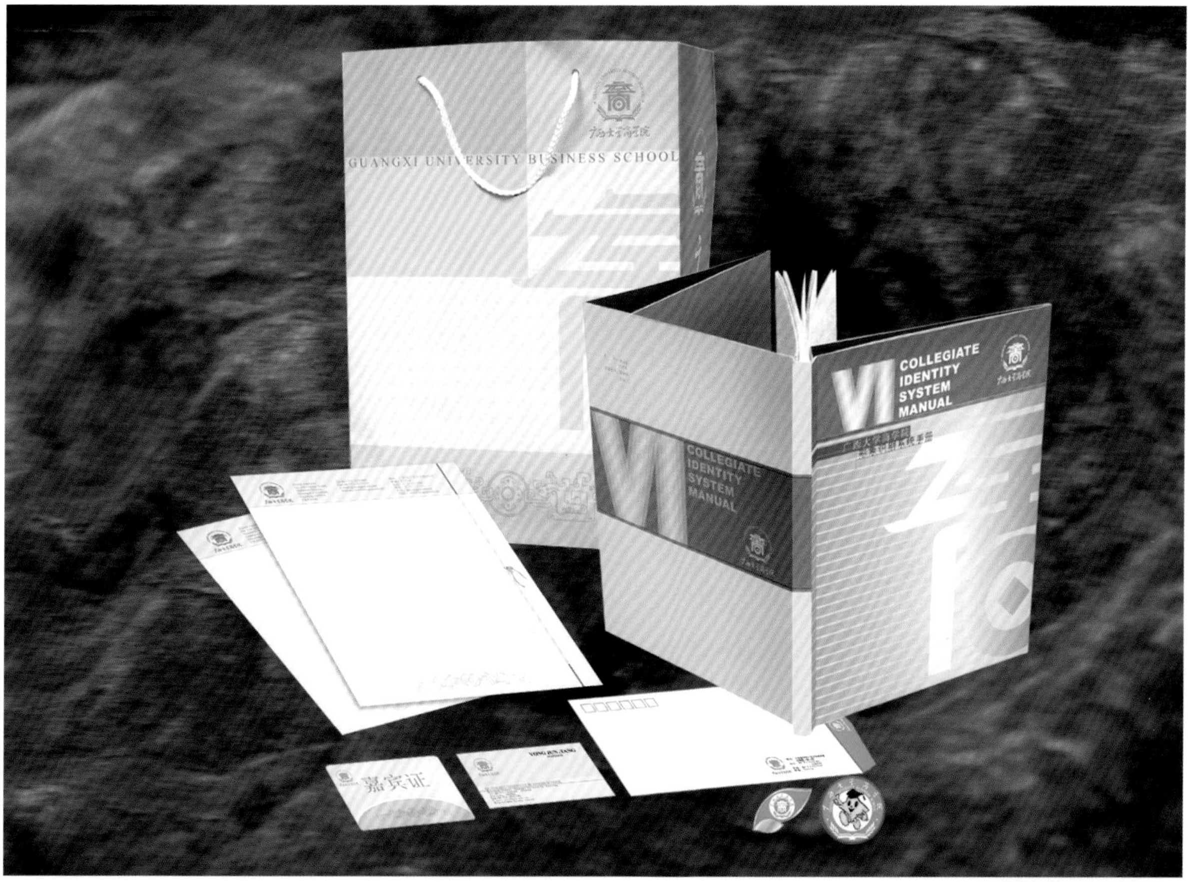

标准色及辅助色的延展运用

展台　　作者：周景秋　许兴国

企业视觉识别的应用要素：即具体的项目实施展开，它包含了办公事务用品、环境要素、员工服饰规范、交通工具的统一视觉规范和禁用范围等等。它的内容丰富、涉猎广泛、潜移默化的色彩形象辅佐各个要素环节，使企业从内部到外部形成一个整体，对内凝聚员工个体的向心力，使员工产生归属感和责任心，激发员工的使命感，从而提高生产工作效率；对外优化企业形象，产生美好的认同感和价值观，是再现企业理念和企业文化的内外兼修的重要部分。

在基础要素和应用要素中，前者是后者发展的根基，后者是使前者得以延续和对外传播的载体。实施CI战略使企业的信息传播更加迅速，沟通更加便捷。优良的个性化形象奠定了坚实的公共关系基础。VI作为视觉形象的系统工程，是综合了企业的理念、经营方针、文化特征形象化的表征体，具有先声夺人的优势。因此，VI的定位不仅仅是平面商业设计的范畴，而且还要从识别和发展、策略竞争的角度进行战略整合。

中国的CI起步较晚，借鉴和吸收了欧美型的CI，但更多的是用具有东方特色的日本型CI为蓝本，并立足于本国博大精深的文化土壤，成为适合自己国情的CI。VI色彩的使用，也由20世纪80年代的红、蓝、绿等几种单一色彩往现在的多元化发展。

สะดวกทุกที่
Welcome
Jiffy
WATER
AUTOMOTIVE
SOFT DRINKS
Drinks

Jiffy
SHOP

黄色——绚烂的春花、黄金、欢庆、注意、光明、幸福、夏天。

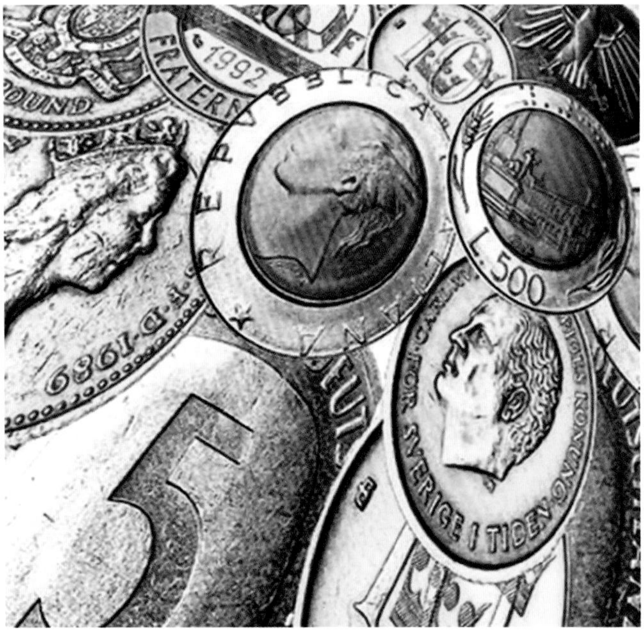

绿色——广袤无垠的肥沃旷野、清新的早晨、民众向往的和平、无污染的天然、生涩、新生。

蓝色——充满睿智的海洋、万里晴空、平静、内敛、浪漫、智慧、自由、深邃、高端、理性。

紫色——至高无上的王权、阿拉伯女郎神秘的面纱、优雅、独立、魅力，许多国家的文化中用紫色象征死亡。

白色——荒芜、待开发的地带、纯洁、素雅宁静、金属的高光、雪山顶峰、恐怖、神圣、飘忽的朵朵浮云。

黑色——直爽刚毅、冷酷的概念、沉默的夜色、死亡、邪恶、严肃、难以揣摩。

具有神秘力量的黑色

金色——夕阳下水面上的点点波光、不可预知的神圣、高贵、信仰。

灰色——冷酷、缺乏人性关怀、高端科技。

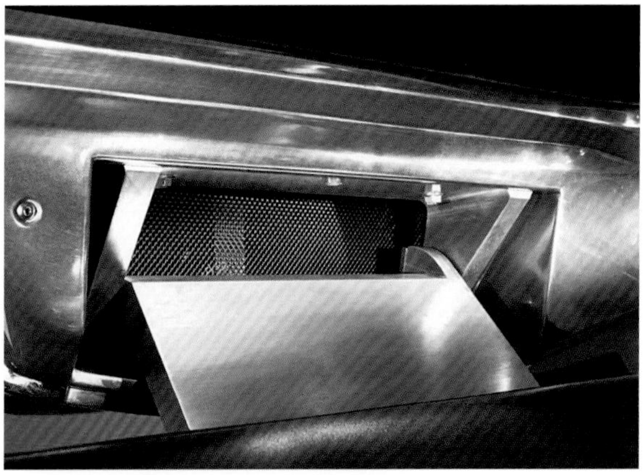

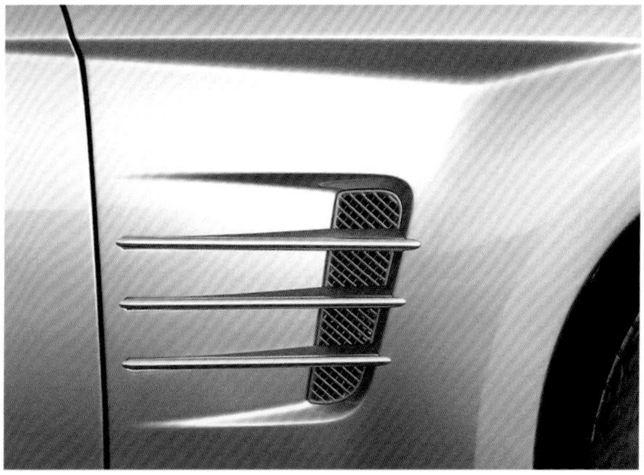

褐色——屹立数千年的雅典圣殿、经典的回忆、古朴。

人们对色彩的认识是一项复杂的系统工程，色彩作为最普遍的审美形式，可以在无需语言文字描述的情况下与大众沟通交流，但某些色彩的精神含义在人们的心目当中已经根深蒂固，不是通过简单的引导或控制，短时间内可以得到改变的，只有善于总结多方面的知识经验才能将色彩准确地转化成诱导传达的利器。

二、VI色彩的心理

VI色彩是企业形象识别的重要要素之一，色彩作用的终端是人，是一个社会群体，色彩感觉是一种有意识和无意识的精神状态下的潜移默化的生理影响过程。美国心理学家桑戴克于上世纪20年代提出了“晕轮效应”，认为人们对人的认知和判断往往只从局部出发，发展扩散而得出整体印象，即常常以偏概全，据此，人在认识上所具有的偏颇的认识也称为“光环效应”。这个观点在商界大受推崇。“血统”的纯正高贵对商品来讲注定其从诞生起就广受关注，例如相同品质的条件下，其中一个商品所属企业的影响力更大，那么这个企业所生产的产品哪怕价格略有提高，人们也会觉得其性价比和信誉度更好，于是人们对该品牌的忠诚度也越高。客观来讲，色彩独具的视觉传达功能所具有的“晕轮效应”对提升企业形象的折射度自然有不可低估的价值。因此，适当掌握心理学对于VI色彩的定位选择是大有裨益的。

色彩感觉 —— 色彩知觉 —— 色彩记忆

无意识的信息接收　　有意识的信息注意　　信息的大脑回放

“心理学”一词，是古希腊的“灵魂”和“学问”两个词的结合体，其意义指的是“灵魂的学问”。人类认识色彩的过程也是一个心理活动的过程，可分为色彩感觉、色彩知觉和色彩记忆。色彩心理学家经过长期对色彩的研究，认为不同波长的光，作用于人的视觉器官产生色感的同时，必将导致某种情感的心理活动。

色彩感觉：是色彩直接作用于人的视觉神经系统的最直接的反映。例如黄色、红色、蓝色，它们的色相都是视觉最初的直觉反映，已经约定俗成，不具有任何感情色彩。

色彩知觉：知觉是对感觉的理性的升华，是色彩作用于人体的视觉器官后，大脑对其的整体评定，例如柠檬黄、玫瑰红、孔雀蓝等等，都是将色彩与具有色彩代表性的物体产生联想后，加入相关联的描述名词，具有一定好恶的感情倾向。

色彩记忆：色彩与企业的视觉形象息息相关，眼睛感受到的色彩能够在头脑中留下印象，并在今后自觉地或在特定环境接触下重现出来，“历历在目”，进而产生对企业的正面积极的联想。色彩通过标志等承载物形反复强化记忆，可以形成认知，辅助增强对企业形象的联想，提高相关商品购买的指认率。

货架商品色彩明媚，目的却只有一个——抢眼

色彩对人的情绪控制到底有多大的诱因呢？伦敦曾经有一座黑色的大铁桥，在那时常发生丧失生活信念的人的轻生事件，当市政当局将大桥漆成了绿色，轻生事件明显减少，后来又漆成红色，寻短见的人基本没有了。

色彩心理的非物理属性是受社会环境影响的结果。单就轻重、远近、颜色与温度来说，它们似乎是几个互不相干的概念，然而它们都拥有一个共同的载体就是色彩。相关的联系是使色彩向力学、物理学等方面产生联想的原因。色彩心理错觉产生于我们的生存空间、生活经历与生理状况。例如：冰川、绿阴、海水无不给人以寒凉的感觉，这些景物的主体颜色都是蓝色、绿色等冷色；受大气的影响，远处的风景总是被蒙上一层淡蓝色，冷色也就比暖色显得更远；太阳和火焰的橘红色会带来温暖，暖色的“温度”自然感觉比冷色的“温度”要高。曾经有人做过一个实验，雇用码头工人装卸货物，箱子的颜色是黑色的，工人扛得特别吃力，降低了工作效率，后来将箱子漆成白色，工作效率得以大大提高，因为浅色物体给人的心理感觉要比深色物体轻。色彩的物理属性与心理感受达成了共识，这就是色彩被赋予的心理属性。

四季色彩的温度联想

三、色彩的民俗学

企业的视觉形象要产生公众效应，潮流可以引导，风俗习惯却是不能违背的。色彩原本只是一种自然界的客观存在现象，并无好坏、尊卑、美丑、善恶之分，但由于历史的原因，色彩被烙上了一方感情、功利的印记。例如墨绿色象征军队，法国和比利时忌用墨绿色，因为这是纳粹军服的颜色，这两个国家在第二次世界大战中，都曾被希特勒军队占领过，所以人们一见到墨绿色，普遍会流露出厌恶的情绪。

各民族都有自己尊崇的色彩，只是不同的民族之间思维模式上存在的差异对色彩的使用都有着很大的差别。不同的信仰背景对色彩就会产生不同的反映。中国也是一个较早将不同色彩进行高低贵贱划分的国家，在《中国民间禁忌》一书中，就将服饰的颜色归纳为四忌：贵色忌、贱色忌、凶色忌、艳色忌。唐太宗贞观四年定百官朝服的颜色，紫列朱前，依次为：三品以上服紫；四品、五品服绯；六品深绿；七品浅绿；八品深青；九品浅青。

世界各国人民都有自己心灵归属的色彩。在性格奔放，豪爽的美国人看来，灰暗的色彩远没有明亮、鲜艳的色彩受欢迎；阿根廷忌讳黑色和各类紫色；委内瑞拉按其国旗色的顺序，即黄、蓝、红是被禁止使用的；相比之下，挪威人则十分喜爱鲜明的颜色，特别是红、绿、蓝色；浪漫的法国人将鲜艳的色彩视为时尚、高贵的颜色；泰国人喜爱红、黄色，禁忌褐色，商品及服饰的用色非常明快，并习惯用颜色表示不同日期：星期日为红色，星期一为黄色，星期二为粉红色，星期三为绿色，星期 四为橙色，星期五为淡蓝色，星期六为紫红色；由于新加坡居民以中国华侨居多，人们对色彩的喜好与中国内陆的情况基本一致，一般对红、绿、蓝色印象很好，视紫色、黑色为不吉利，黑、白、黄为禁忌色。

色彩无论是代表企业还是商品形象，都应该是符合目标消费群体的审美心态的。我们将早已熟悉的热烈的象征活力的可口可乐的大红色认定为它的标准形象色，但你能想像得出绿色的可口可乐是怎样的吗？然而，在阿拉伯国家，由于长期处在干燥的沙漠地带，很难见到绿色植被，人们的内心世界极度渴求生机，为迎合这种特殊环境下人们的心理需求，可口可乐大红色标志性的包装改成了象征生命的绿色——在市场的利诱下，色彩有时也是可以不那么坚持原则的。

所谓入乡随俗，麦当劳大叔到了泰国，也一改豪迈的跷二郎腿的形象，变得温雅许多

由于历史、社会制度、地域文化、宗教信仰、风俗习惯等的不同，各国都有各自归属的色彩及禁忌色彩，因此，带有民族地方特色的色彩较易被目标人群接受。现代设计中的色彩禁忌可以被打破，但风俗文化上的配色禁忌还是回避为佳。色彩的地方性喜好随着各民族之间的大融合，外来文化的入侵和新技术革命的不断更新，已经发生了很大的转变。强烈的民族地域色彩的疆界部分正在容易接收外来文化的新新人类的心里消融，色彩的边界将逐渐模糊，但伴随着战争、环保的态势严峻，也许又会形成新一轮的色彩疆界。

第三节 色彩在VI中的作用

2004年1月24日，正值中国的传统节日——春节，法国的埃菲尔铁塔披上了一身“中国红”，中国传统红色被作为一种文化的传递与识别，以其最独特的方式屹立在欧洲的土地上。自古以来，华夏文化喜欢以红色作为喜庆色：灯笼、年画、剪纸、鞭炮，甚至北方常见的窝窝头过年了都要点红，传统红色作为华人独有的信仰根深蒂固地被景仰着。随着中国经济的飞速发展，华人文化也开始受到重视，传统红色多了个地域性的称谓：中国红，成了中国的形象色。

中国古代已经将色彩应用到了方方面面，玄学家将五种颜色：青、白、朱、玄、黄分别用来象征东、西、南、北、中五个方向。封建社会，色彩曾受到非常严格的控制，象征富贵和权利的紫色和金黄色只有皇族才能使用，由此可见，色彩应用是根植于一定文化背景的。虽然现今没有明确的宪章规定禁止用色的条例，但长期传承的风俗文化表明，在人们的心里，色彩还是有其使用区域限制的。色彩是人的一种与生俱来的认知，是不需要太深的学识、阅历和文化背景就能进行交流的介质。现如今，大到一个国家，小到一间店面，色彩已经成为一种独具个性的视觉传达的媒介，它的使用提升到国家关系的层面，尊重一个国家和民族的信仰就是尊重这个国家的人民。

色彩具有如此特殊的视觉传达特性是由人的生理特点决定的。婴儿从开始睁开眼睛分辨世界的那一刻起，明艳的色彩就能让他(她)欢呼雀跃，至于玩具的形状，对婴儿来说意义却不大。据科学研究表明，色彩对人体脑细胞的发育具有明显的刺激作用，尤其是1至9岁的儿童，处于成长发育期，在孩子的房间中放置一些五颜六色的玩具或者彩色装饰物，让孩子多接触不同的色彩，对早期开发儿童的智力，有一定的增进功能。同时色彩还可以控制人的情绪，使人或暴躁、或安详、或愉悦。色彩的作用是先声夺人的，一件平面作品或者是一个场景，给人留下的最初印象——即眼睛还没有产生注意时，第一个映入眼帘的就是色彩，然后才是形状，最后是文字等细节。基于这些特性，色彩被越来越多的企业用在了形象识别系统中并逐步规范起来。

色彩使店铺从混乱的环境中脱颖而出

色彩的商业诱导力是惊人的，国外曾经有个色彩测试的例子：商家将相同品牌的洗衣粉拆分到红、黄、蓝三种颜色的袋子里，分别发放给家庭主妇，使用后反馈的信息是，黄色袋子装的洗衣粉效力最强劲，红色次之，蓝色最弱。色彩竟然“夸大”产品的使用效果，由不得你不相信，这就是为什么商店内强力去污的洗衣粉色彩大多是红黄色，而诸如羊毛织物柔软剂的色彩大多为浅蓝色的原因。

一则柔软剂的海报将粉色色彩的功能特性完整表述

另一个例子是：某君开了家餐馆，将餐厅的内墙漆成清爽的浅绿色，果然，客人的感觉很舒适，用餐人数也令人满意，但营业额却没有什么增长，老板觉得奇怪，后经人点拨，终于明白了个中道理，原来是色彩使用不恰当，冷静的色调令人放松，减慢了用餐的速度，而且不能刺激人的食欲。传达有活力、积极、热诚、温暖、前进等含义的红色和黄色才是最好的刺激食欲的调配品，是让人吃得多且快的色彩，吃得多，效益自然上去了，吃得快，可以及时让出空位补充下一位客人。这就是商业色彩的心理驱动力，它在默默地影响着你，而你丝毫没有察觉，一切尽在不言中，而商家已得到了满意的回报。手法要比大做宣传不知要高出多少倍。

如果将企业比喻如人，那么色彩是其直接外在表象和间接内在呈现，“气色”的好坏直接影响到企业自身的形象，色彩可以提升企业的无形资产，产生不可估量的价值。VI色彩的独特性，在于它从属于市场色彩，区别于构成色彩，了解色彩的物理属性及其色觉属性对准确传达企业形象的定位有着很重要的作用。

如此夸张的色彩，是不是让你有大快朵颐的冲动呢？

色彩的选定与一个时期的流行因素密不可分。如今，色彩已经应用在了营销领域上，成为新一轮的营销先锋。色彩的心理联想能将企业的经营理念有效地传达给受众。因此，VI色彩的选择一定要慎重，要在充分进行市场调查、分析受众心理接受度后制定，而且还要建立一套规范的管理体制，才能长期有效地贯彻企业的精神理念。VI色彩的定位也是企业或商品形象的定位。独特、醒目、单纯是形象定位的不二法则。

流畅的线条，简练的色彩搭配，一切尽在不言中

1. VI色彩的内在个性：

企业管理的核心在于人，企业文化的主体也在于人，职工的群体行为是企业文化建设的基础。VI色彩的选定要有内部激励效应，它直接体现在企业内部的工作环境、员工着装的整体面貌及和谐统一上，激励员工的工作能力，让员工有归属感，觉得企业是可以依赖，值得为其奉献价值的，并以自己是其中的一员而倍感自豪。

2. VI色彩的外在统一：

VI色彩是一种具有信息传递作用的企业专署色彩，是企业形象外在表露向公众的推广，企业标准色的规范使用有助于建立企业整体统一的视觉环境，同时在企业对外促销及销售活动中凝聚一致统一的视觉形象，从而赢得消费者对企业及其产品的良好印象，具有决胜于市场的独特的感情魅力。

要达成统一，就要形成独特个性，达成普遍认同，孤芳自赏的色彩定位是无法立足市场的。

民族地域虽然有别，但统一的色彩使它们血脉相连

思考题

1. 什么是VI，VI有哪些要素？
2. 企业VI的色彩运用是否有章可循？

第一节 VI色彩的策略性定位

“策略”一词源自于军事用语。在商品社会的时代，VI的色彩定位有赖于策略，缺乏策略，再夺目的色彩都将沦为平凡，难以形成记忆。VI色彩的策略性定位是VI战略的一部分，是让整套VI的形象得以始终正确贯彻的谋略主旨，是达到企业形象传播与沟通目的的重要保证和手段。

一、VI色彩的来源及设定

在企业形象视觉识别中，色彩的选定是功能主义与美学主义相结合的产物，遵循着“与其博，不如精”的设计规律。国画意境里有“疏可跑马，密不透风”之说，“计白当黑”体现的是一种高妙的美学境界，平均对待和现象罗列都是不可取的，同样，VI的色彩选择也应当遵循这样的审美原则。所谓“博”与“精”都是相对的，与具体数量无关。它的色彩来源十分广泛，是设计师对自然界、行业属性、市场定位等综合元素的抽象概括，凝结成代表企业经营宗旨及营销策略的视觉色彩。它的诞生本身就是建立在科学的体系内的具有特殊性的规范中的。

1.VI的色彩来源分为两个主要方向——自然色彩和抽象色彩：

自然色彩根植于现实环境中，源自于形形色色的花鸟虫鱼、山水石兽、人工或天然之物料、光效等，并根据企业形象定位加以概括提纯，需要敏锐的捕捉力和感性分析能力。VI的色彩来源部分是设计师基于研究自然界的固有色，而创造出来的对自然色彩客观的和较真实的再现。

THE CENTER FOR
HEALTH & HEALING
AT ST. VINCENT MEDICAL CENTER

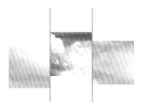

gutta®

Hoopnet
.NET

NEW LEAF
PAPER

ATHERTON

Nu-Soil

ZIEMEĻU
RAJONA
NODAĻA

DJ
JUICE™

抽象色彩是一种意念色彩，它是一种对意象情感的归纳感受和把握，似是而非，是一种被人为注入了主观概念和想像情感的色彩，理性的分析占据主要位置，感情表述也更鲜明。抽象色彩的开发使得人们将记忆中对自然色彩表述的经验失去效力，也能帮助人们重新审定和理解难以用具体形态描摹的抽象概念。

2.凝练的色彩选定是企业恰当传递信息、网罗受众的标准。VI的色彩选定一般有三种类型：

①单色选定：企业为使目标群体对色彩认知形成单纯而统一的心理认同，使人们能够更加集中视线和引起共鸣，往往只选择一套色作为其标准形象色。以单色作为企业形象色彩，其效果具有鲜明的特性：方向明确，个性明确，简洁易记。不足之处是在实际推广当中，由于其单一性，容易引起审美疲劳，处理不好也极易出现呆板的遗憾，当遇到这样的情况时，解决的办法是在构成形式上可以做些突破，比如网点大小的疏密排布产生渐变效果，板块分割出节奏等。

CPGNetwork
Making Decisions. Easy.

BC·O

energex

Unilever

IBM

adidas

OLAY

P&G

②根据不同的审美需求，有的企业会同时制订多套主色，以增加企业形象的色彩形式美感，产生律动和丰富多变的视觉效果。辅色的选择可以根据要求，选择主色的同类色、对比色等来搭配，但是如果处理时平均对待就容易缺少主次，花乱而导致失去视觉重心，产生飘摇不稳定感。

③由于色彩的功能不能仅仅停留在审美及象征某个企业的形象上，拓展色彩的外延，使其功能优势能够得到更广泛的发挥，已成为国际上色彩管理的潮流。国外的一些院校将不同的色彩分别象征不同的专业系部。诸如麒麟啤酒等一些知名企业也在运用多种不同的色彩分门别类地将它们赋予不同的下属机构或关系企业，这些都是对色彩功能的绝好诠释。

二、VI色彩的调查分析阶段

曾有一广告人说过："好的策划来自80%的脚力和20%的脑力。"然而，在长期的计划经济体制下，相当部分企业的观念难以扭转，经验主义在决策上占据着主导地位。实际上，任何决策都不是凭空捏想的，搜集事实资料是VI色彩定位不可忽略的前提，之后是整合资料，以便使用者做适当的诠释，一旦问题找出来，可以提前进入规避状态，决定应变措施，并及时作出调整，甚至重新定位。

知己知彼，百战不殆。市场调查是色彩诞生前后的一种多向沟通的行为，它的资源来源相当广泛，如目标顾客喜好趋向、企业现有标准色使用情况分析、竞争对手标准色情况分析、企业行业属性色彩分析等，测探市场对企业标准色的期望方向，以便制订今后的对策措施。市场调查可以在我们陷入茫然混沌时指明方向，突破定位的瓶颈，帮助我们审定目标市场，针对目标人群的消费动机，寻找市场差异，见缝插针，发掘潜力市场。

针对VI色彩定位的市场调查的工具和方法：

1.数据搜集阶段：包括一般信息和临时个案。了解市场发展现状，参考先前同行的经验，与同行遇到过的问题有否相似，洞悉对手可能作出的反应，决定与竞争品牌针锋相对还是巧妙回避，了解企业色彩应用时环境对色彩产生的影响等，确定问卷设计的目标和计划。

2.问卷设计阶段：将草拟的数据资料进行整理，以扼要的问题形式提出，设计标准化的回答模式，例如"接受"或"无法接受"、"难以作出回答"等三种感情倾向，必要时可列入"我"的建议。抽样调查人群设定为三个基本方向：目标受众（这是企业的衣食父母，往往能够提供更具潜质的创想）、企业内部员工（色彩对员工的激励效应是隐性的而卓有成效的）、专业设计人员（听取专业人士的意见，能达到良好的效果）的审美和市场体验。有效的问卷设计可使我们得到第一手的事实资料真相。

3.问卷分析阶段：问卷回收，通过整理问卷，统计数据，撰写研究报告，便基本可以确定VI色彩的大致方向了，例如企业性质与标准色的关系如何，如果违背惯常的思考模式设定能否更具说服力等。

三、VI色彩定位前必须列入的考虑因素

1.争夺眼球术：生产技术的不断完善，生产的实际意义已与18世纪开始的工业革命时代有了明显的区别，早期的生产是为了满足基本的生活需求，尽可能多的生产产品才是关键，是卖方市场。随着技术革新，产品逐渐供大于求，趋于饱和，而传播媒介诸如广播、电视、报刊、杂志、网络等雨后春笋地发展起来，信息犹如空气，充斥着我们生活的每个旮旯，有价值的和无价值的信息无时无刻不出现在你的眼前，这种境况奠定了感性的、形象的视觉时代的到来，人们对于追逐满足眼球的愉悦达到了空前的白热化的程度，似乎随时随地都在强调一种为感觉而消费的新观念，市场转向了买方市场。记得有人说过：广告是经济现象的晴雨表。新价值观的变更直接从广告语中体现，"物美价廉"演变成"我就是我"就是最好的试纸。那么如何抓住受众的情感动机便成了值得深研的学问，将形象色彩的学问引向注意力经济的发展成为时代的潮流。世界著名的权威管理人士、美国埃森哲战略变革研究院主任托马斯·达文波特著了一部探讨影响商业成败的核心因素的力作《注意力经济》，书中对"注意力"下了个颇为独到的定义："注意力是对于某条特定信息的精神集中。当各种信息进入我们的意识范围，我们关注其中特定的一条，然后再决定是否采取行动。"

色彩学是最容易与市场及周边人群发生关系的学科，VI色彩具有强烈的视觉识别效应，它的先声夺人的特性，在其中恰到好处地扮演了重要角色，因此，色彩带来的低成本和高附加值的赢利效果是十分惊人的。摩托罗拉曾向消费者炫耀：多彩就是真我本色！企业都非常清楚，获取注目是商业成功的起点和招揽众人之道，能够利用色彩，让大众的眼光集中在自己身上，那么我们就占据了有利的高地，一旦群众的目光不再注视我们，那损失就难以估量。人们辨别事物的优劣已经从它看起来是什么向它看起来像什么转变，这就是色彩能够带来的高附加值的形象价值，看似无形的形象价值占据了总体价值的主要部分。在色彩应用中，企业再也不能单纯地凭借个人的审美和喜好行事，还应该知道怎样展示自身的特点，因为对目标消费群体来说，看不见的等于不存在。

原本就拥挤不堪的本土品牌，还要承受入世后洋品牌的争抢

香港马会鲜明的色彩，总能让人从水泥森林中发现

2.保持独特的个性：色彩在古今中外已经沿用了数万年，可以说没有任何色彩能够真正意义上单一地称得上独一无二，同样的，在VI色彩的定位之中，也没有任何一款色彩可以孤立地形成为“特色”。VI色彩应该有深厚的企业文化理念作为依托，灵魂的色彩才能被人们长久地接纳。例如可口可乐和耐克公司，标准色都是以常人肉眼难以区别的红色作为形象色，而且都是在传播美国的文化上做文章，但可口可乐奔放的运动活力和耐克运动创造无限可能的形象定位，使相近的红色产生不同的定位反差，人们仍旧能在短时间内进行正确分辨。

可口可乐铺天盖地的红色成为其奔放的热力象征

任何事物都不是完美的，任何一款色彩都不可能满足每一个人，但是色彩选定应该遵循的一个原则就是：能满足目标群体中的大部分人群——至少不能让另一小部分人从心里产生敌对情绪。因此在色彩确立之初就要善于隐藏它的不足。然而技术竞争、产品竞争日趋白热化的今天，竞争品牌林立，同性质便容易隐藏于大众化里，创造差异化，保持个性成了竞争力的不二法则。企业在市场上既要赢取消费者的芳心，色彩定位又希望有如楚人宋玉的《登徒子好色赋》中的东家之子："增之一分则太长，减之一分则太短，著粉则太白，施朱则太赤。"那么，在企业色彩的诞生之初，就该给色彩的形象和理念附上一种特质，使它有别于其他企业，同时明确表明自己的立场，做到个性鲜明，拒绝依附，坚信自己色彩取向的正确性。VI的色彩应该追求个性，个性在于易记忆，在于不与其他品牌产生混淆和歧义。

VI的色彩是企业形象的象征，因而更具持续性。形象的卓越构成了迈向成功的一大步，精彩的开场不但能赢得喝彩，还会激发人们的普遍认同。企业被寄予厚望，就会努力使自己名副其实，来维持自己的声誉，认同者越多，扩张力越广，市场占有份额就越大。宏大的前因，往往能指引走向非凡的后果。常言道"打江山容易，守江山难"，VI的色彩要想如一声炸雷，迅速响彻全国并非难题，但是要让人们的记忆回放指数延时就不是那么简单了。因此，企业必须不断地调整经营策略，为VI色彩注入新颖的概念，使自身形象保持持续永久的魅力，否则易遭到淡忘。百事可乐不断更换最具人气的国际巨星以充实"青少年的可乐"的定位需求，使百事可乐成为最"酷"的可乐。

符合目标群体兴趣取向的标志色彩才更具持久魅力

VI是使企业理念形成形象化的产物，色彩的设置使这种形象化更趋直观。VI色彩的策略性定位是以市场战略为根基的，应该能突显企业的宗旨、经营方针和企业的个性，有助于决胜于市场。

3.行业中无可替代：权威，天生之，人成之。在VI色彩的定位中，划分了两种类型：开拓型和跟风型。树立全新的概念诉求，敢开行业用色理念之先河，我们把这种定位称作开拓型色彩定位。开拓型挑战了大众的惯常品位，有前瞻性和创新精神，容易迅速成为大众注目的焦点。但也许要承担一定的风险，也许会遭遇前所未有的麻烦，这就要求必有随机应变的能力不可。选择跟风型的企业盲目追捧，他们追求的是“稳健”，“踏着前人的脚印走总没错”，缺乏独特的个性，这样导致的结果是不一定赢，也不一定败，但决不会很成功，因为缺乏必要的探索精神和远见卓识。

企业形象就要以做行业中的标准为瞻望，“无创新，毋宁死”。有一个很有名的论断：一流企业“做标准”，二流企业“跟踪标准”，三流企业“听命标准”。那么VI色彩的标准从何而来？

首先，企业深厚的文化底蕴是滋养企业的肥沃土壤，是支撑企业的稳固基石，它依靠的是企业长期的美誉度来维持，只有对企业文化进行深挖掘才能让色彩赋予持久内涵；

其次，以个性化的行为理念为支撑，敢创行业之先河，使企业每一阶段的行动都是出人意料、令人期待的；

三者，严格规范的使用是色彩管理的范畴，它包含了前二者的因素，再合拍的色彩，如果管理使用不当就会造成不可估量的损失。

色彩无论用在环境、印刷、实体上都应该严格规范

4.开发创造性思维：创意应该是一件非常令人心情愉悦的事情。我们知道，人类的大脑分为左右两个半球，左脑被称为“语言脑”，它的工作性质是理性的、逻辑的；右脑被称为“图像脑”，它的工作性质是感性的、直观的。生存环境中的诸多规矩会阻挠感性思维的发挥，从而助长理性的判断性思维的形成。夜间大脑休眠时，活跃了一天的理性思维开始疲倦，受到控制的感性的富于创造性的思维解除了桎梏，开始活跃起来，因此梦境常常可以是不着边际的。思维也因此有了两种活动方式，一种是判断或分析法，可分析、比较；一种是创造性，可以想像、预知和归纳思想。有人误解创意的真正内涵，以为创造性是发明出全新的东西出来，这是不正确的，许多具有独创性的意见都是把原来具有的旧元素加以重整、改造、变化或赋予新的用途而实现的。

light GEAR

Clones
Personal Concierge
and Errand Service

Palm Springs
CAFE

TM

resourcelogistics

lomeo

ABACADA.COM

the internet Universe inc.

美国学者吉尔福特(J.P.Guiford)的研究理论指出:“凡有发散性加工或转化的地方,都表明发生了创造性思维。”

发散思维(Convergent Production)又称为求异思维、开放性思维。“它从某一基点出发,然后运用已有的知识、经验,通过各种思维手段,沿着各种不同的方向去思考,重组记忆中的信息和眼前的信息,去获得大量的新信息”。

创造性思维常用集体创意的方法,可通过阿力克斯·奥斯本首创的被称之为脑力激荡法(Brainstorming)的“群脑联想”方法来实现,见子打子只能使思想陷入僵局。

我们的思路根据思维方向的顺逆,可分为正向思维和逆向思维。正向思维,是所见即所得的思维方式,难以突破既定模式而直接在脑海里呈现出的画面色彩,例如:阳光就是橘黄色,那么,关于阳光的事物如阳光工程就是以橘黄色为形象色了;反向思维、逆向思维,是较高明的思维境界,哈佛MBA营销教程把“出奇”称为营销的侧翼战,即增加产品的附加值,率先抢占市场的高地。苹果电脑公司提出的“THINK DIFFERENT”即是最好的阐述,它摒弃了一切条条框框所规范的思路,在重新审定了目标受众后,20世纪90年代末于业界率先发起色彩革命,颠覆人们长期以来认为电脑为黑色和灰白色的印象——原来电脑还可以是这样的,思想跳跃到另一端,把iMac电脑的颜色由原来的绿松石色和暗蓝色,加入红色、紫色和橙色,增加到5种。这一改观盘活了一个濒临破产的公司,并在短暂的几年创造了业界难以企及的销售记录。在使苹果电脑获得了新生的同时,也使得认为苹果电脑公司的CEO史蒂夫·乔布斯是“过时的天才”的人大跌眼镜。在VI的色彩计划中,创造性思维是对传统用色的改进、对目标市场的重新审定、对理念的开发扩充和对色彩概念的补充完善。

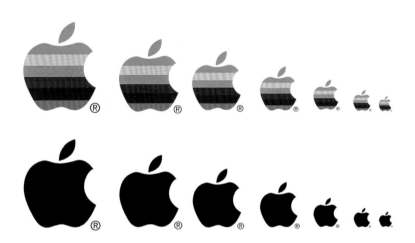

5.灵魂的色彩：VI色彩的功能性强调，色彩不仅要悦目，更要赏心。市场色彩与纯美术色彩的区别在于，市场色彩应该是具有竞争力的，这种源自于灵魂的吸引力甚至会比色彩本身更出色。独到的行为理念能赐予色彩非凡的禀赋。在色彩定位中，外在美是用肉眼去欣赏的，只有用心灵去领悟的美才可以历经岁月的洗刷。

6.审时度势，锐意图新：商业色彩永远抹不去的是时代的印记，市场经济下的任何时期的企业都是顺应时代潮流的产物。市场瞬息万变，人们的意识形态也在不断更新，任何企业都要避免给人留下陈腐的印记。流行与经典似乎有些格格不入，流行被认为是时髦的浅层文化的代名词，经典是历经文化的岁月积淀后依然熠熠生辉的熔铸品。没有一成不变的事物，经典也在求变，宝洁公司的标志也从早期的星星伴月形象一跃成为今天的简洁字母化的“P&G”。标志在更替的同时色彩也在随之变化，一般来说，企业是十年便做一次形象更新，更新一般是在原有形象基础上进行相应符合时代潮流的靠近。例如索尼公司，当公司全力进军电玩市场后，标志一改深蓝色的平面VI形象，更换成了银灰色和绿色三维立体的球形来与企业行销方向相匹配。

企业色彩选定必须遵循现实生活的客观规律，关注生活，关注流行色彩的趋势研究是色彩选定不可忽略的。如今，VI色彩的选定已由原来企业VI意识萌芽初期的凌乱用色向整体规范用色过渡。当市场处于发展的初期阶段，VI色彩理论还没有形成系统规范，人们还没有意识到色彩的整体性能够带来视觉冲击，随着IBM公司等一批新型企业的兴起，易识记，好实施的红、蓝、绿、黑等色相明确的企业形象色彩盛行一时。科学技术的发展，新材料、新工艺的更替，VI的色彩显现出多元化的趋势，标徽色彩不再局限于单一的色块，出现了多种灰色系色彩的运用及色彩的边界化模糊，可用于相互过渡、交替形成多变的图形塑造，大大丰富了标志的二维、三维立体的造型法则，如福特公司的标志在原有的单一色块图形的基础上，延伸出了金属质感的形式。

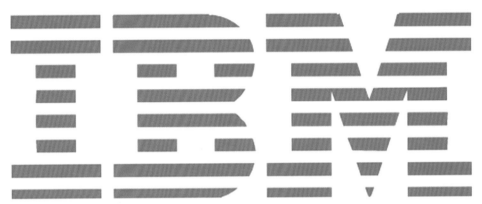

1955年，美国国际商用机器公司(INTERNATIONAL BUSINESS MACHINES)将公司名称的简写(IBM)作为标志，并将这个形象作为企业形象融入生产销售当中，CI也作为真正意义上的现代企业的经营战略，开始被越来越多的企业广泛采用，由此出现60年代至今的欧美CI全盛时期，形成以市场行销、视觉统一为表征的欧美型CI

7. 深谋远虑，慎思敏行：VI色彩如果仅仅是为了好看，那将是无根之木，生命的光辉不会持久。VI是一项系统工程，是色彩得以传播扩展的承载体，色彩对这个载体的任何阶段的表现都将影响到全局，就像生物链，任何一个环节出现疏漏都会导致生态失衡。因此在制定色彩之初，就要考虑到今后的实施是否容易延展，对常规的或特殊材质的阐述是否容易到位，在企业对外宣传的时候，环境场景是否使色彩的表现力受到影响等等，都将是必须列入考虑的因素。VI色彩的制定应该是具有前瞻性的，预见未来，在问题还没发生之前已经考虑好如何应对。成功的企业可以成为我们探索的楷模，分析其VI色彩在整个企业营销运作中成功的原因。做到慎思敏行，不是为了模仿，而是为了取代和超越，不是为了亦步亦趋，而是为了以此为梯，勇往直前，鉴古通今，更要善鉴优劣。

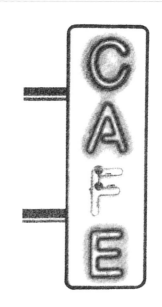

环境不同，材料选择也各有千秋，VI色彩设定中要留有余地

8.超越人性需求：企业服务于市场，从市场中获利，因此应了解营销、了解品牌建设，了解关于市场的方方面面，学会在别人的情感上投资，色彩的定位上才真正具有识记力。心理学中的识是认识，是视觉从第一感觉到识别的过程；记是效果开始产生的阶段，使人们对事物产生记忆的先决条件是首先要让人对其产生兴趣。人是感情的动物，目标受众不会永远想要泛泛的理性的言辞的解释，他们想要的是针对情绪的立即诉求，一旦触及到心灵，引起感情上的共鸣，他们会自动成就你想要达成的效果。一个好的色彩方案能使企业成为外在形象和内在机制的统一体，从而准确地将企业思想传达给目标群体，使推广过程省力、高效，事半功倍。

色彩的定位设计实际上是一个情感投资的行为过程。如何去迎合、引导消费者的价值观是设计前所必须考虑的。当今品牌竞争的共同战略是以顾客为导向，细分市场，即“PDF”，利用特定的品牌形象，吸引特定的目标群体，而非漫天撒网。百年品牌西门子的八大准则，其中有一条就是“客户决定我们的行动”，客户所需要的，我们就想办法完成。然而，客户的眼光并不具备前瞻性，一味地投其所好将会被客户抛弃，客户想要的是超越自身的需求，他没想到的，我们替他解决了，可见除了迎合还要引导，即超越“顾客导向”。我们知道，微软公司等一些高科技公司开发的新产品是顾客无法预见的，这些公司是以产品为中心的经营战略。企业的色彩定位不能仅仅满足于现今的客户市场，毕竟，VI色彩象征的是企业长期的形象，因此“超越”尤显必要。

9.博闻广见、卓有通识：是一个企业形象设计师应具备的基本素养，不问世态，专心设计是形象设计师所不齿的。所谓艺术是相通的，它并非凭空臆想。蒙娜丽莎那传神的双眼是基于画家对雕塑、生理学等知识的综合而深刻钻研成就的，据说达·芬奇是个跨越多种学科博大精深的通才，最近资料显示，他还是世界上最早试图发明汽车的人。隔行如隔山，企业形象涉及到各个产业门类，要做好某一行的形象，你必须是半个专家，才具备基本的说服力。朱熹云：立言须“博学之，审问之，慎思之，明辩之，笃行之”。综合的素质修养包括对一切流行要素的实际知识，且了解其因果，以及对重大事件、自然神奇现象、种种运势突变的密切观察，才能将企业形象定位真正落实到实处。

Canon

YONEX®

黑人牙膏

Carlsberg

MINOLTA

企业形象行业涵盖多个方向

10.色彩定位一以贯之：VI的色彩定位是一项长期的系统工程，即使未来难以企及，但所追求的目标要始终保持一贯性，才能使受众明确你的方向，达成一致的价值观，真心实意地臣服于你的旗下。

同仁堂一直以来沿袭着传统路线

红、黄是麦当劳，蓝色是菲力浦，企业形象都有各自的色彩归属

11.形式之美：一切艺术品都离不开形式美，设计是在完成其实用功能后，通过多种形式语言来体现主题及意境的。美，见仁见智，是人们内心的渴求，这种对美的渴求贯穿着整个人类古今，却难以形成固定概念。它是一切禀赋的灵魂，一切完美的生命所在，理智难以捕捉，语言难以言传，这是一种意象之美。在VI色彩中，只有企业标准色与企业文化和产品风格和谐统一，产品才有个性，品牌才有活力，而品牌深处的文化也才更易被消费者了解和认可。国外从20世纪80年代就开始实施“色彩营销战略”。世界已经进入靠形象赢得市场的时代，企业形象已经不仅是一种经营手段，而且是一种极为宝贵的营销资源，是现代企业在制定营销策略、选择营销手段时必须考虑的重要因素。奥格威经典的“品牌形象论”在产品功能利益点越来越小的情况下成为影响最广泛的品牌观念。色彩是沟通企业与市场的桥梁，也是企业最首要的视觉特征。追求独特个性的差异成了形象战略的目标。

设计史上，19世纪美国的芝加哥学派的中坚人物——路易斯·沙利文(Louis H. Sullivan，1856—1924)，第一个提出了著名的“形式追随功能”的思想，这一思想几乎成为在美国所听到和看到的设计哲学的唯一陈述，也成为日后德国包豪思设计学院所追随的“教义”。沙利文说：“自然界中的一切东西都具有一种形状，也就是说具有一种形式，一种外观造型，于是就告诉我们，这是些什么以及如何和别的东西区分开来。”“哪里功能不变，形式就不变”。他认为“装饰是精神上的奢侈品，而不是必需品”。时至今日，观念正在改变，装饰成为了精神追求上的必需品，美学利益成为销售主打。

形式是艺术存在的前提，设计的功能是美观而实用，即功能与形式的完美结合。VI的色彩是一种以市场为导向的功能色彩，其功能主义是扩充知名度，形成良好的认同感。设计界长期在不断地创造形式，以便能更丰富沟通的手段，因而在不断地创造变化着流行、风格。我们一直在有意无意中改变着世代承袭下来的形式，而这些变化就是生命存在的意义。在不变的色彩中追求形式的变化，总能给人新的期待。

色彩的时代已经到来，能让企业形象突出、个性鲜明的色彩难以数计。标准色是用来象征公司或产品的指定颜色，它贯穿着企业或产品整体的视觉形象，使企业形成差异化和系统化，在市场竞争的态势中具有卓著的制胜魅力。

第二节 VI色彩配色的基本概念

VI的色彩应该具有鲜明的个性和行业属性，是协调企业内部机制与外在形象宣导统一的介质，它始终如一地贯穿于企业视觉形象中，对塑造企业特有的经营理念和经营方式起到视觉传达的作用。合适的色彩搭配容易让人产生积极的联想，因此当谨慎的策略性色彩定位阶段告一段落后，色彩概念的大致方向已经明确，那么如何搭配使用色彩才能使目标群体产生相应的联想及感受呢？色彩搭配是综合知识的过程，要结合色彩美学、色彩情愫、色彩心理、色彩民俗、色彩市场定位等方方面面来完成。形象的色彩调性基本确立，它可以与其他色彩搭配着使用形成一套色彩系统，也可以单独使用自成体系，下面简要地介绍常用的VI色彩搭配原理：

一、原色搭配

可见光谱将色彩分解为三原色，即红、绿、蓝，RGB的三色混合就是光源意义上的白色，RGB所对应的是光波，将颜色堆叠越多得到的颜色越接近白色，通常把它叫作加色法。与印刷的色彩油墨不同，印刷油墨是将色彩划分为C100%蓝、M100%红、Y100%黄、K100%黑，这几种颜色堆叠得出的是黑色，颜色越减越少时得出的色彩就越接近白色，我们称之为减色法。原色即没有经过调和的颜色，也称第一次色，它们的特点是色相相当明确、醒目，色彩定位容易准确明了，实施时容易与一般饰面材料的色彩匹配，印刷时容易在色标上指明，是企业形象颜色从诞生初期一直沿用至今的广泛使用的配色法则之一。由于运用广泛的缘故，为了能与诸多相同选色企业形象进行区隔，在使用原色做企业形象色彩时，必须有强大的精神理念和行为理念灌注才能凸显其特色。

原色色彩饱和度高，分量感强，在企业色彩搭配时通常是单独奋战的，当然也不乏群力协作型，也就是两到三套原色同时出击，增强战斗能力，提高识别度。

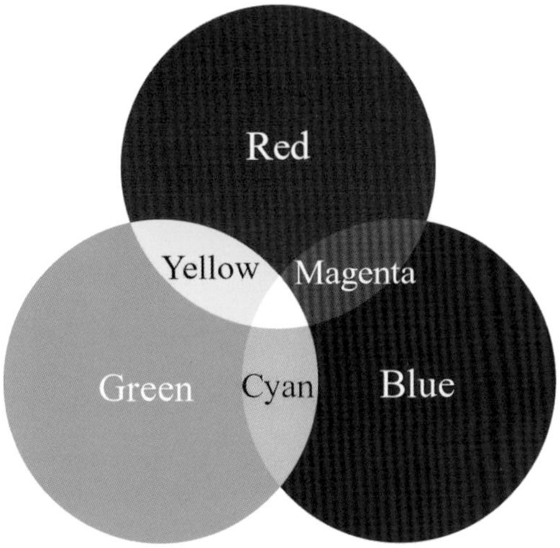

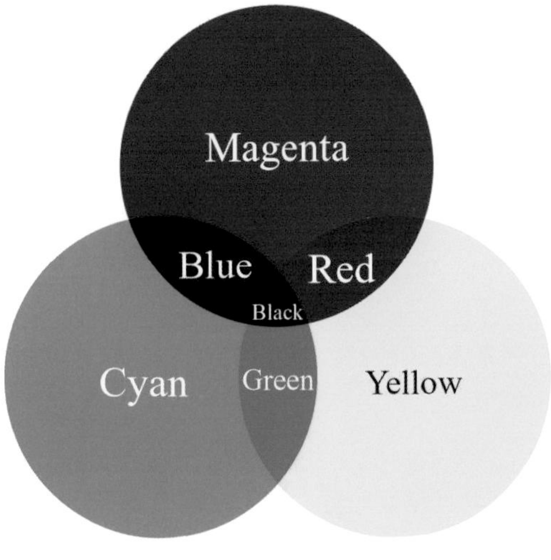

GKS
MEASURING SOLUTIONS

ZOOM!
PRODUCTIONS

Go Daddy
SOFTWARE

DIMENSIONS
Unlimited Inc.

二、同类色搭配

同类色也称单色，是一套颜色通过加入黑色或白色使之变深或浅来进行的搭配，如红色加入白色变成粉红色，深蓝色加入白色变成浅蓝色，在色相相同的情况下纯度发生了变化。同类色搭配给人以柔和的印象，用“协调”来形容是再合适不过的了，适合用来塑造一些光影过渡和层次构成效果及动感的光影残留效果。

BOCK

The Bock Company
2998 Washington Street
San Francisco · CA · 94115
TEL 415·561·9660
FAX 415·561·9665
bockco@pacbell.net
Brian Bock
President
BOCK
BOCK
The Bock Company
One Bernice Street
San Francisco · CA · 94103
bockco1@yahoo.com
TEL 415·561·9660
FAX 415·561·9665

三、邻近色搭配

邻近色是在色环上相邻的颜色，比如红色和橘红色，绿色和蓝色就互为邻近色，邻近色的搭配是在颜色过渡中强调一种和谐与变化，所搭配的色彩数量选择上相当丰富，它可以是两到三套色的组合，或者是以彩虹似的多套色不等的形式搭配，可以是边界鲜明，也可以是边界模糊融合，搭配的手段广泛，不受限制。

BJORN AKSELSEN
ICEHOUSE DESIGN
2009 PALIFOX DR NE
ATLANTA
GA 30307
P 404 373 5220
F 404 378 9880

BeaM
broadcasting

ideal
Financial, Inc.

gball.com

四、对比色搭配

对比色也称补色，是色环中遥遥相望的颜色，它们搭配在一起能够使双方的色感更加强烈，形成非常鲜明的视觉冲击效应，有些“刺眼”。对比色的使用应该注意的是节奏，即主次的关系，面积体块上大小要形成对比，才能达到一种协调的美，使视觉得以维持平衡。在VI形象中的运用一般是传达企业鲜明的个性、独到的经营方针和活力。

FITNESS
RESEARCH &
TECHNOLOGIES

WebRaiser
TECHNOLOGIES

PRECSISION
CYCLING

华育企业
HUAYU COMPANY

作者：熊燕飞

BayCare
Behavioral Health Centers, Inc.

yooz
.com

CLUB
FISH

California™
SOFTWARE

SEKO
DEGVIELAS TIRDZNIECĪBA
UN PĀRVADĀJUMI

五、灰度色彩搭配

将色彩的彩度降低，与灰色调和，成为一种“高级灰”，虽然划归灰色系，但它们的色相还是相当丰富的，只是纯度都普遍降低。色调柔和，儒雅，不事张扬，内敛中透出一定的品位档次，只是由于色相不很明确，给实施过程中如饰面材料的选择上增加了难度，印刷的色彩校正上也容易出现忽左忽右的不确定性，对于准确阐述企业形象容易造成偏差。

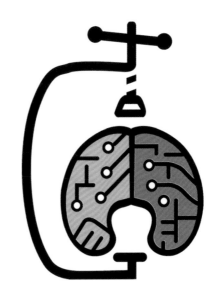

作者：熊燕飞

SEIT 1917
Curt Richter Frania
Künstler-Agentur
ORCHESTER · BANDS · TV PRODUKTION · SHOWS
ENTERTAINER · AKROBATEN · COMBOS · FILM

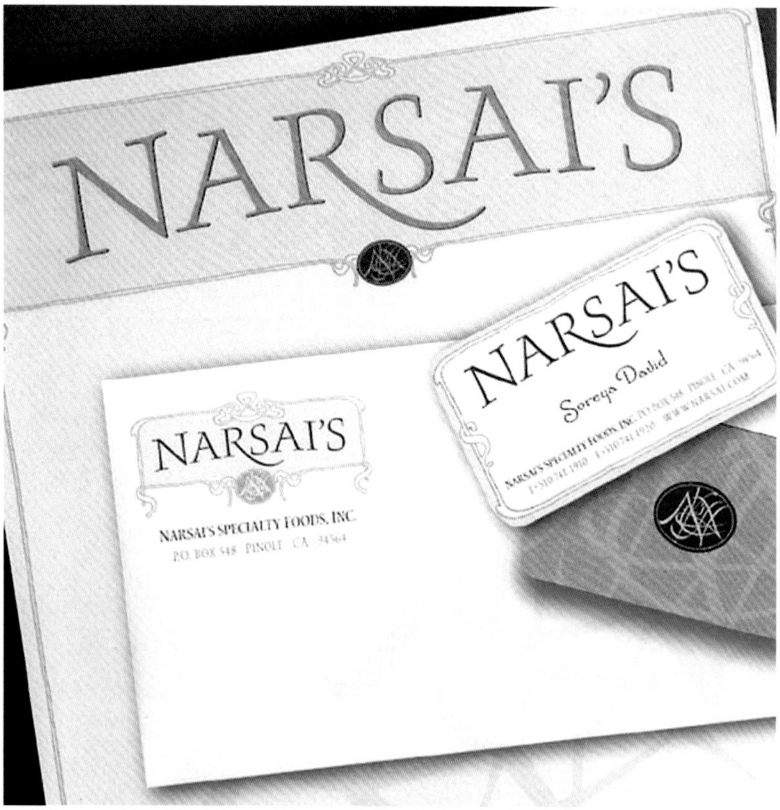
NARSAI'S
NARSAI'S
Soreya David
NARSAI'S
NARSAI'S SPECIALTY FOODS, INC.
P.O. BOX 548 · PINOLE · CA · 94564

六、无彩色的色彩搭配

黑、白、灰在自然界的七色光中的色谱上不显示，因此被划分到无彩色的行列被排除色彩之外，然而在设计界，这三套色正因为它们的极端个性化而常被当作没有颜色的色彩受到广泛的使用。它们不偏不倚、可以协调任何彩色的独特魅力是大多数的设计作品无法抗拒的。黑、白、灰是中性色，在色彩搭配中他们可以是黑、白、灰互为搭配，形成素描般的独立个性，也可以与其他彩度的色彩搭配以平衡视觉。

从理论上看，黑色即无光无色之色。黑色意味着刚毅沉稳，当色彩太过亮丽花乱时，黑色无疑是平定这场色彩“暴乱”的有力武器；当色彩过于浮躁，黑色又是稳定它们“情绪”的合适伙伴；但黑色也不是万能的，深蓝色和深褐色等深色由于太接近黑色的沉重而难以在搭配时进行视觉区分，因此很少会同时地被无间隙使用。

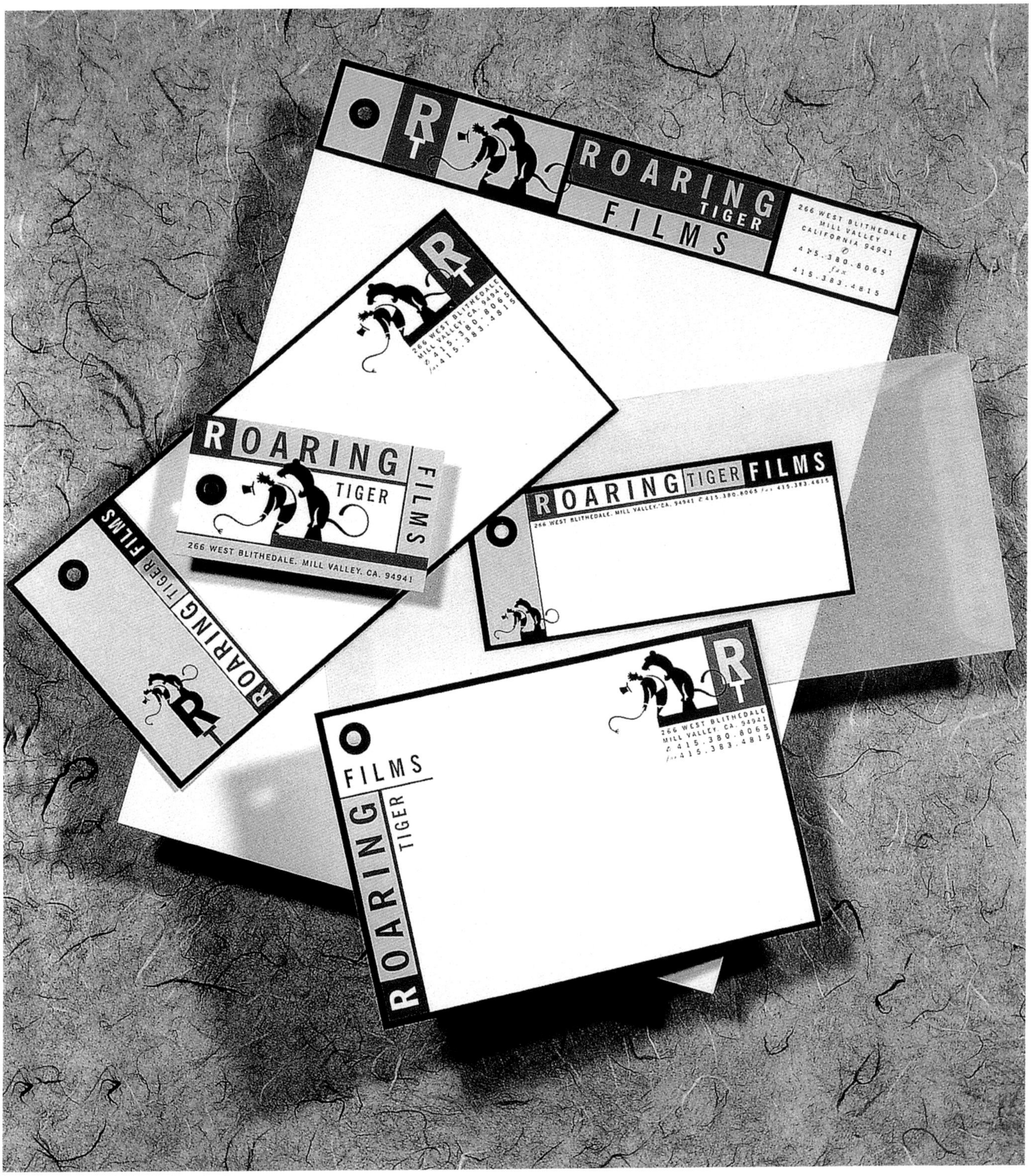

BORDERS
cafe
ESPRESSO

ACNielsen Day

GREAT
LODGE

Apple
Publishing
Partner

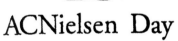

EYE ON THE FUTURE

HIPPO BEACH

ZeroZ™
It's thot fast

conosciBiella
VIAGGI PER STUDENTI ALLA SCOPERTA DEL BIELLESE

CARGOsource.com
Your one-stop source for all your cargo needs

CHINSKY'S KITCHEN

DADA

白色与黑色是极端对立的颜色，它在白纸上的印刷中相当于无色，是与除了柠檬黄色等非常浅色以外的万种颜色相适应的，它可以用来隔绝本不该靠得太近的不同色彩，例如红色和绿色，也可以协调过于沉闷的氛围。

灰色介于黑色与白色之间，它不黑不白，不明不暗，是最没有性格而乏味的色彩，沉闷到底反耐人寻味起来，灰色要想在材料质感档次上得到提携就是使它接近银灰，一种象征高科技派的金属材质色彩，或者与其他简略的色彩搭配。灰色使人的心情降低到最平静点，必须通过色彩来使它恢复活力。

色彩除了具有自身的情感特征外还具有一定的美学特征，一套完美的色彩方案已经成就了一个美好的开端，但作为色彩系统工程来说，规范的执行和管理同样是不能忽略的。

EBI
EMPIRE BUILDERS
UNLIMITED

КЛЮЧАВТО

SERVICE EDGE
CONSULTING

PIXELSMART

quest
SERVERS

PAPER POWER
53 WARWICK ROAD EALING LONDON W5 5PZ
Lyn Hourahine FCSD
CHARTERED PAPER PRODUCT DESIGNERS
CREATIVE PAPER ENGINEERING DESIGN

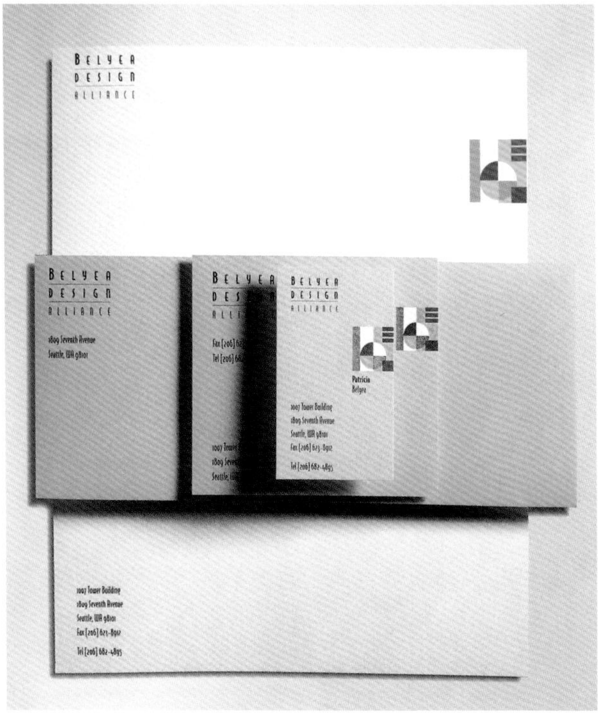
BELYEA
DESIGN
ALLIANCE

innovations
WWW.INNOVPSI.COM
THERESA C. DILLEY · MARKETING

第三节 色彩的职业性

色彩是情感沟通的无声胜有声的产物，它的生命价值不是单一的，它的语言不是用声音来完成的，它是于无声中进行的交流。不同的行业、不同的精神及行为理念所表达的方式都是千差万别的，下面我们列举几个常见的行业例子进行说明。

色彩的职业性：

1. 房地产业：城市功能的完备、扩充，各大中小城市都在追赶旧城改造这班车，加上国家对推进住房货币化分配方案的实施和住房信贷政策的调整，使房地产业进入了空前兴旺的新时期。人们对商品房的要求除了地段、户型规划的要求外，对教育、环保、绿地面积的大小的考虑已经成为选购房产的更多顾及因素。因此在地产业的VI设计中对色彩的考虑上更多地突出环保、阳光、绿地、闲适。伊利尔·沙里宁曾经说过：“让我看看你的城市，我就能说出这个城市的居民在文化上追求的是什么。”同样的，当你看到地产商所推崇的色彩，也就明白了它所要凸显的定位优势。

房地产的楼盘标志色彩搭配着重营造休闲、轻松、环境优美的氛围

2. 食品饮料业：食品行业的最单纯也是最终卖点就是能让人产生食欲，哪怕你的定位是娱乐也好，休闲也好，都不能让人没了胃口。据科学研究，在食品的天然色彩中，颜色确实代表了所含营养成分，例如：

黄色——维生素C的天然“源泉”

红色——含有丰富的铁元素

绿色——含有丰富的维生素A、植物纤维素

紫色——碘的含量最多

在VI的色彩定位中，除顾及主推产品的色彩外，公司的经营理念、文化也是列入的项目。例如成都水井坊酒业公司，悠久的历史，所蕴涵的典雅文化与高雅品位成就了其品牌核心。标徽图形采用的是博大精深的中国书法，苍劲有力，色彩还原了纯正墨色，它的出现既是古雅的又是时尚的，唱响了我国高档白酒业的品位主题曲。

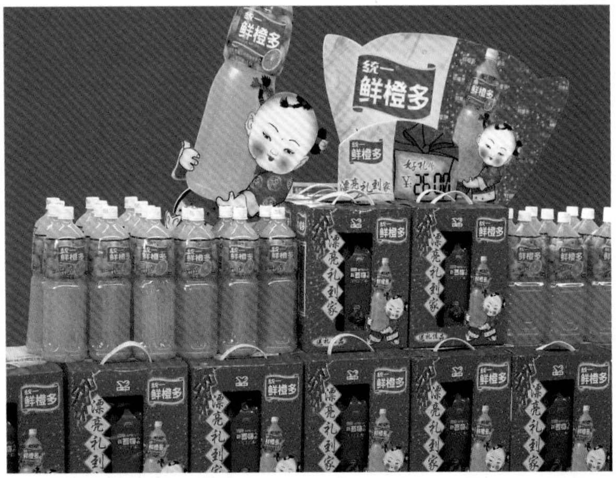

香記肉乾
澳第一家
CARNES SECAS HEONG KEI IOK KON
總店
(始於1969年)
香記

Dairy Queen
Dairy Queen
Dairy Queen

HUBBARD & CRAVENS COFFEE Co.

CAFÉ

SCONE ON THE RANGE

noodles & company

JELGAVAS MAIZNIEKS
JM

3.餐饮业：餐饮业与食品业有很多共通之处，但是餐饮业更添加了环境、特色的氛围营造，能使受用者感同身受，在其对特色的发掘中更趋向于与环境的协调。特色经营是餐饮业得以屡战屡胜的杀手锏，统一的形象色彩设计是其助力器。

暖色主调是激起食欲的色调，VI色彩要与环境相协调，结合恰当的材质营造有特色的用餐环境

4.汽车制造业：汽车制造业拥有悠久的历史，现如今汽车正成为人们时尚的代步工具，是一个个人的移动私密空间，工业感、安全感、艺术性是主要的诉求重心。VI色彩的选定上更偏重于工业化和科技感的金属色或色相明确的原色。例如宝马轿车的标志选用了内外双圆圈，内圆的圆形蓝白间隔图形如同蓝天、白云和运转不停的螺旋桨，既体现了该公司悠久的历史，显示公司过去在航空发动机技术方面的领先地位，又象征着公司在广阔的时空旅程中，以最先进的科技、最现代的观念，满足消费者最大的愿望。

5. 电子通信业：电子通信业属于高端技术，长期以来由于认识上的惯性，大多应用蓝色为标准色，随着网络的普及，人们也开始接触到更多的色彩，例如黑色、草绿色、红色等醒目的色彩，这类鲜艳的颜色能迅速引起好奇、恰好与日新月异的高端产品特色相匹配。

6. 体育健身行业：运动所挑选的场所是决定色彩定位的因循导向，户外探险与大自然相接触，其VI色彩一般为墨绿色或土红色；高尔夫与蓝天、青草和湖泊有关，色彩一般为草绿色、湖蓝色和白色；运动会的色彩来源则大多采用奥运会五环的标志色彩，因此几个纯度较高的色彩常常成为首选。

虽然是喝咖啡的场所，但涉及到足球，于是与绿茵产生了联想

7. 医疗卫生康复业：从血红的十字架、肃穆的白衣白墙到如今的粉色系，医疗机构一改过去以冰冷脸孔示人的形象，取而代之的是更能使人精神放松，令人亲近的恬淡色彩，凸显的是人性关怀。

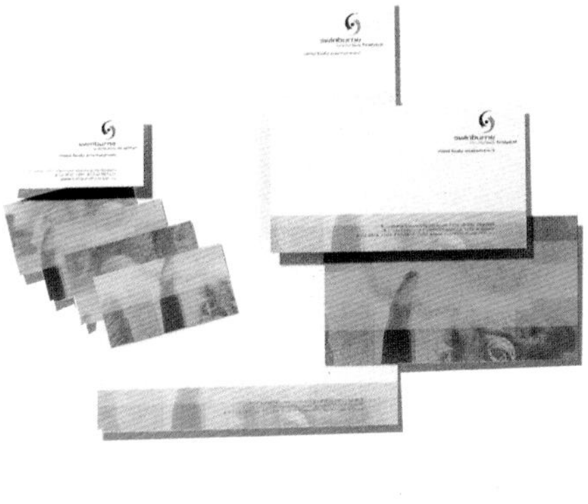

8. 石油制品业：这是一个高利润产业，但是伴随着中东的石油大战及环境保护的呼声高涨，各国正着力寻找新的经济替代能源，明快、稳重的色彩是这类行业的归属颜色。

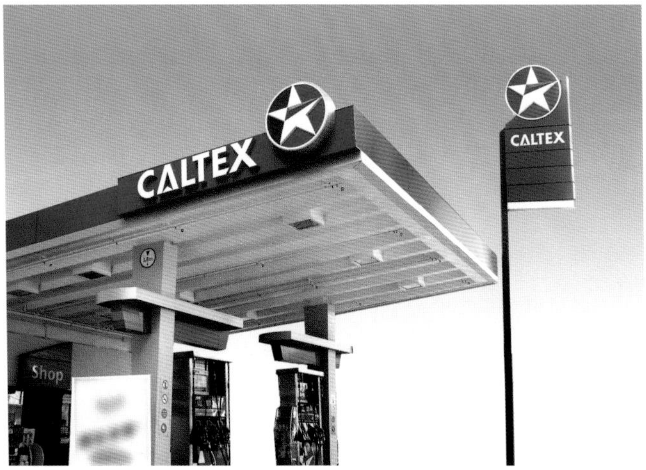

9. 出版发行业：属于服务贸易领域的知识密集型文化产业，在社会转型的大背景下，品牌价值同样也浸入这个曾经较为封闭的行业，出版业被推向了市场调控的轨道上，从而迈向了产业化经营的道路，VI 色彩选用上更重视文化品位，深入心灵的诉求。

ipl

10. 家具办公：北欧是家具业最发达的地区，也因此成为世界的翘楚。中国家具业要走品牌路，设计是核心竞争力，环保是近来家具业的一个热门话题，包含两个方面的含义：制造时对环境没有造成过多损害，使用中不会危及人体健康。天然材料成为营销诉求，VI 色彩选择上偏重于绿色、木色等较柔和的色彩，带给人们居家般的舒适感受。

郎智家艺 LANG ZHIFURNITURE

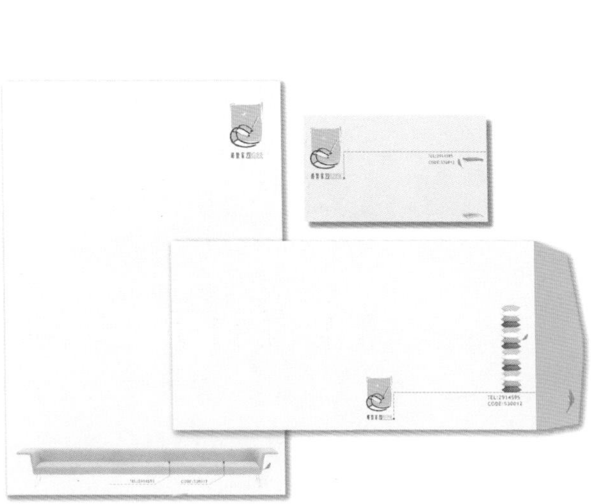

作者：周景秋

C:30 M:10 Y:100 K:0

C:0 M:0 Y:0 K:80

11.服装纺织业：服装、纺织一直以来是一家，而且总是与时尚相关联，该类行业的经营核心是不断创新、加大研究及设计力度，追寻个性化的审美时尚潮流，在色彩定位中，应更多地关注市场流行趋势，才能利用色彩优势提高国际品牌竞争力。

林立的服装品牌使这个行业永远令人追捧

12.金融行业：包括银行、信托、证券和保险四个行业，是一种服务贸易，这个行业的特色是没有实质性的生产过程，客户就是金融业最大最宝贵的资源。其商业模式就是通过向客户提供金融类服务取得利润，金融是经济的先导，是经济的高端领域。稳定的金融是保证一国经济正常发展的必要条件之一，其特点是经营方式多样，服务手段体贴务实。

QIAN LING
骞菱票卡

C: 25 M:15 Y:100 K:0

C:15 M:90 Y:0 K:0

C:45 M:75 Y:60 K:40

作者：周景秋

13. 设计行业：这是一个特殊的行业群体，它既要基于市场受众的考虑，同时也要凸显其与众不同的创新能力，因此，设计业的色彩定位更多的考虑的是其特异性，创新是设计业 VI 色彩定位的灵魂。

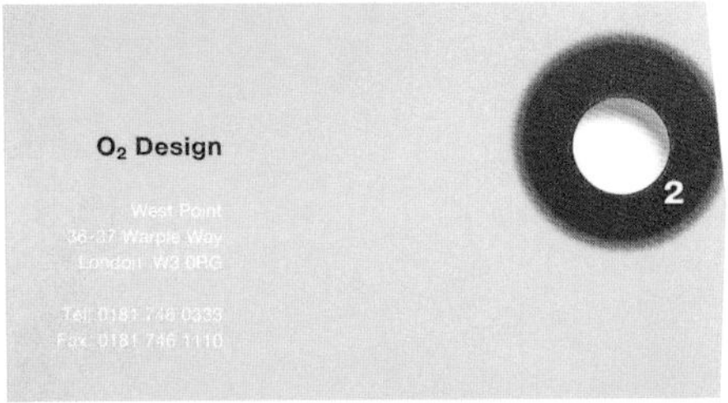

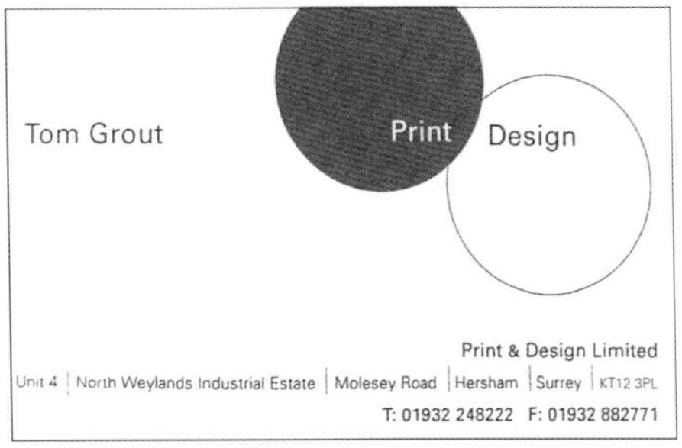

14. 百货零售业：随着竞争的白热化，百货业正受到多方势力的冲击，连锁经营不断扩张成为大趋势，统一的 VI 色彩制定成为必然。经营范围广泛是这个行业的特性，色彩定位可以不拘一格。红、白、绿相间的，起源于美国的 SEVEN—ELEVEN 连锁便利店正是一个连锁成功案例。其色彩搭配以最强烈的对比色为基调，简洁明快，易识记。

不大的店面，红、白、绿相间的色彩，使人很容易记住它的形象识别

色彩清新的米制品店

大面积的形象色彩的使用使屈臣氏的公众形象整齐划一

第四节 VI色彩的管理及监督

VI色彩是企业信息传播的渠道之一，要能达成有效传递，就要建立一套规范而健全的体制将其进行标准化管理，这套方案就是“VI色彩的管理系统”。色彩不仅是企业形象识别的主要要素，也是提升企业附加价值的重要源泉。

关于VI色彩的管理，可参照如下几点建议：

1.员工的使命感：管理归根到底是对人的管理。VI色彩能否长久规范地执行，是与员工的审美素质和具体监督执行分不开的，在此，员工的使命感起到了不可低估的作用。强大的使命感源自内聚力的企业文化，企业文化形成于企业中长期的共同理想和基本价值观、行为规范，对于员工来说企业文化是精神支柱和工作的强动力。优秀的企业都有自己一套强而有效的企业文化，它不只是简单的几句“团结、奋进”的口号，而是起到增进员工的主人翁意识和责任心的作用，美国的惠普公司将“自己就是企业”作为公司上下的精神支柱。当公司只关心业绩或销售额时，公司精神将会有所动摇，业绩不升反降，使命与利润唇齿相依。英国原子能管理局局长约翰·鲍尔认为，只有幕僚和职工之间能够心心相印、精诚合作，企业才能发挥高效益。只有员工在意识到为企业创造价值的同时，也实现了个人价值的前提下才能更好地全面贯彻企业形象。

2.设定目标：企业的VI色彩不是短期效应的，它随着企业的成长而壮大，是跟企业的长期使命相关联的。VI色彩理念的目标设立要有激励效应，与企业的行为理念相联系，空泛和不切实际都是隔靴搔痒。通俗地讲，目标应该像拴在驴子额前的胡萝卜，激励驴子不断向前。它看得见，就在不远的前方，但必须经过创造力的行为来达到，因此，目标的设定一定要适应企业的发展需要，顾及员工的实际能力，太长远，看不到前程会削弱斗志，太接近又让人觉得太容易达到而无须努力。

3.制定色彩管理的步骤：

我们在设立管理监控程序时通常是泛陈其要点，原因很简单，没有实际操作的经验。VI色彩的管理程序从制定之初就要尽可能充分估计到将发生的问题，况且没有永恒不变的法则。色彩管理首要的是从人员配备和具体项目方案中去计划，它是一个规范，有些是硬性规定的条款，例如印刷中的VI标准色色值，对于特殊材质的色彩来说则有个适当允许范围的规定。

(1)计划前：计划分成几个步骤，一般来说是由设计师与企业的决策层共同参与协商，划分监督执行部门。色彩所针对的企业性质是什么？是服务性行业还是电子产品？是食品加工业还是其他？市场的目标人群的年龄层、爱好、职业等，色彩适用于何种场合、与环境协调、材料选择等都是色彩计划前需要弄明白的。

(2)拟定问题及问题诊断：

①参考同行业的企业常用的色彩定位以及使用这种定位的原因及场合的调查；

②受众心理接受度及期望目标；

③色彩的使用情况及实施监控，对多种材质的运用审议；

④如何给色彩不断地注入新的生命活力。

弄清楚界定问题，色彩代表的是其行业特性还是行为理念？应该广泛认同还是目标受众认可？良好的既往业绩是否会对新的色彩定位构成影响？如何协调？

要善于提出问题，5W的模式适用于很多决策，客观审视问题后问：有什么解决方法WHAT？为什么WHY？什么时候执行WHEN？什么地方开始做WHERE？怎么做HOW？

许多人在判断问题时眼光过于肤浅，相信所见即所得，但很多问题除了表象性征外，还有许多地方要认真推敲、观察。利用中医的四诊原则进行，望：问题存在的表象是什么？闻：问题带来的教训体验；问：小范围的市场调查，征询意见；切：诊断，作出改进决策。

4.提供问题的解决方法有很多，往往不只一种，当色彩管理决策在走入夹缝中时，应该提供出其他可供选择的思路，另行择路。

5.决策人：管理人是聘来做决策的，但许多人决策凭纯粹的经验，他们相信自己的直觉，因为直觉有一定的经验基础，对某些问题具有相当的敏锐度，不过，直觉只存在于潜意识中，因此成功的管理人不能仅凭直觉，应针对问题尽量搜集资料，再从计划中选定最理想的解决方案。

6.印刷监督：

VI色彩的诠释不能凭空存在，必须有一个承载体，VI手册、企业形象画册、直邮宣传册、商品等无一不是通过印刷完成，印刷监控是实现VI色彩规范化的重要途径之一。我们知道，印刷的色彩校准依赖的是色标，国内常用的是日本及中国香港、深圳印刷的色标，普通的四色色标是由洋红(M)、蓝(C)、黄(Y)、黑(K)四色构成，它们分别以百分制标明，数值是0—5—10—15—20以此类推。因此，为了能更好地和执行人进行沟通，VI的色彩数值应该根据色标提供的数值定位，尽可能地使用5进制的数值。在印刷中，四色印刷容易存留网点的痕迹，产生色块疏松感，色彩也会因为印刷机的压力不匀称和纸张、油墨的性能而导致色偏，这是四色印刷的局限，解决的办法是企业标准色用专色印制。专色也称Pantone色、点色、特别色，是与混色相对应的概念，它是一些特殊的预先混合的颜色，用来替代CMYK油墨，专色印刷的优势是没有网点，色块密实，而且能够在印刷当中始终保持如一的优秀品质，是四色无法企及的，价格会稍微比四色贵些。建议在VI色彩印刷时有条件的话企业色彩印专色，在企业形象色彩的制定时要同时指定四色和专色数值。

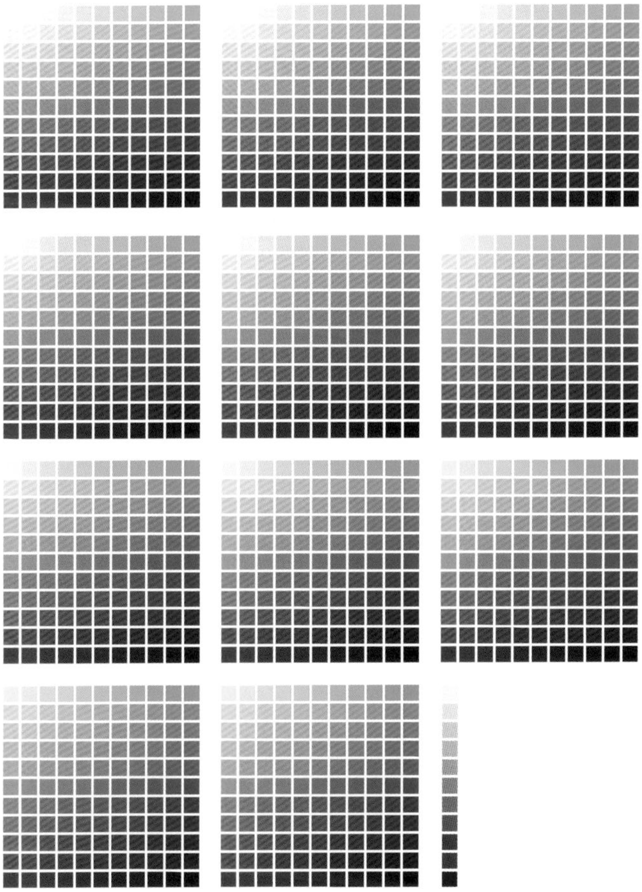

在四色印刷中,色标给印刷提供了一个较规范而直观的色彩数值表,但不同的印刷厂会有少许偏差。因此,在VI色彩印刷中条件允许的话建议使用潘东色标,印刷选用专色

适用于多种场合的POP吊旗

印刷专用的转色标

企业宣传册

企业信笺

7.环境色彩的材料应用管理：

企业为扩大自身形象的宣传力度可谓是多角度、全方位的，无论是体现在企业的形象画册、产品包装等印刷广告宣传品上，还是体现在内部环境布置和对外的活动推广中，VI的形象都成为市场企划的重要部分。一些动物要想生存，就会想方设法地将皮肤颜色与环境色彩相一致，形成保护色，要想惊吓对方则将色彩变得非常锐目。商业色彩的应用也有异曲同工之妙，它营造的色彩空间是三维的，既要协调空间的环境色彩，又要具有区别周边环境的独立性，以强化企业的特征。如何使VI的色彩将空间氛围很好地展现，监督执行建筑、展览材料的使用对企业色彩准确阐述都是非常重要的。

这间小食屋无论从屋形选择上还是色彩搭配上都达到了既切合环境又吸引人的独到效果

压克力能够任意造型和着色，透光度好，在企业形象招牌中应用相当广泛

霓虹灯受灯光的限制，在表现色彩时锐目非常，但对传达VI色彩的准确率就要打折扣了

利用不锈钢的天然色泽表现硬朗，有档次，衬以不同的肌理背景，使不锈钢赋予了不同的情境

有机材料平整，光泽度、透光度都较好，但现成的色彩有限，因此要做VI色彩可视范围界定

对特殊材质丝网印刷及上漆都是极好把控色彩的手段

丝网印刷在展会中是经济而有效的常用手法

三原色的色彩搭配处于环境中谈不上协调，却很显眼，而且由于色相明确，在材料选择的广度上较灰色系的色彩更有选择余地

思考题

1. 策略性色彩与创意性图形在VI中哪个重要，它们怎样运用才得当？
2. 色彩的职业性是什么？怎样做好色彩的管理和监督？

03 VI 色彩应用案例分析

我们试着对如下 VI 用色进行色彩分析：

2004 年再生材料包装研讨会：

环境保护要落实到实质上，必须从根本做起。如何更好地将已开发的资源进行二次、三次的重复使用于包装装潢上是会议的议题。标志将蓝天绿地矗立在十字路口上，“路”的两端折角形成包装的纸盒结构，寓意为了人类明天的环境，我们有必要集思广益。蓝色和绿色都是典型的洁净环境的代言色，明度相当，分量感稍弱，深灰色是中性色，起到了协调视觉稳定感的作用。

C:80 M:20 Y:0 K:0

C: 90 M:0 Y:100 K:0

C:0 M:0 Y:0 K:70

标志及标准色

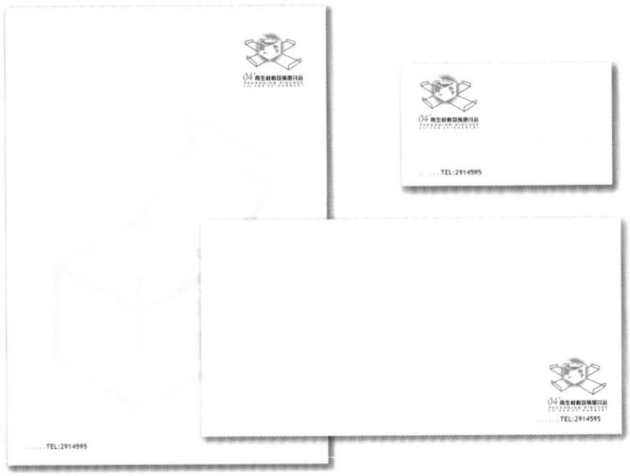

信笺名片　　作者：周景秋

TOM´S HOUSE 男装品牌：

硬朗、帅气是男装品牌的形象追求。本案的标志色彩选用的是稳重的深灰绿色为主调，不羁的橘红色为点睛色，它象征的是沉稳的外表下隐含着的那么一点点反叛、一点点不循规蹈矩。橘红色在辅助图形中不再出现，这样惜墨如金、藏而不露的编排使品牌更显成熟魅力。

C: 0 M:40 Y:90 K:0

C:70 M:60 Y:60 K:40

标志及标准色

C:70 M:60 Y:60 K:40

辅助图形

作者：周景秋

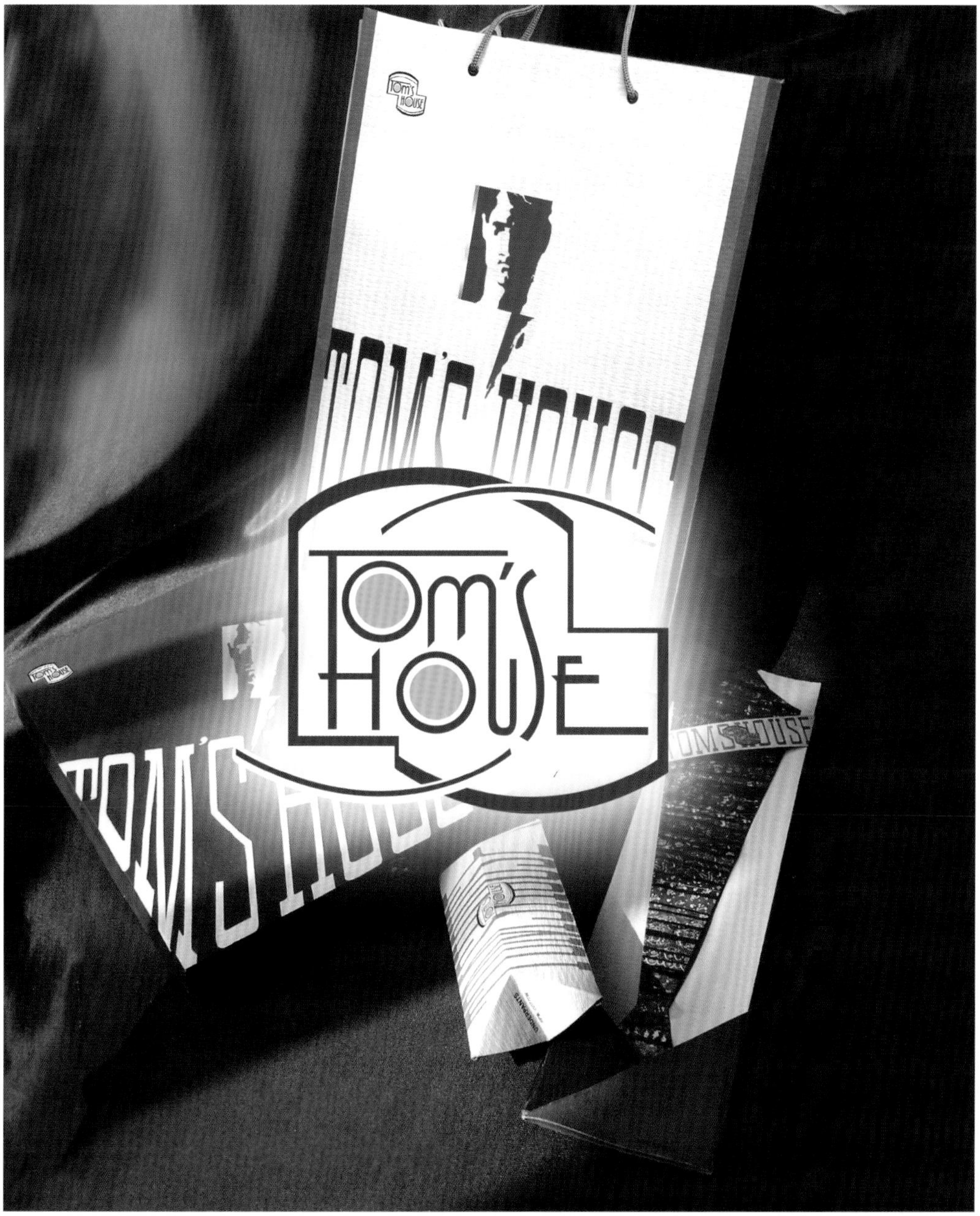

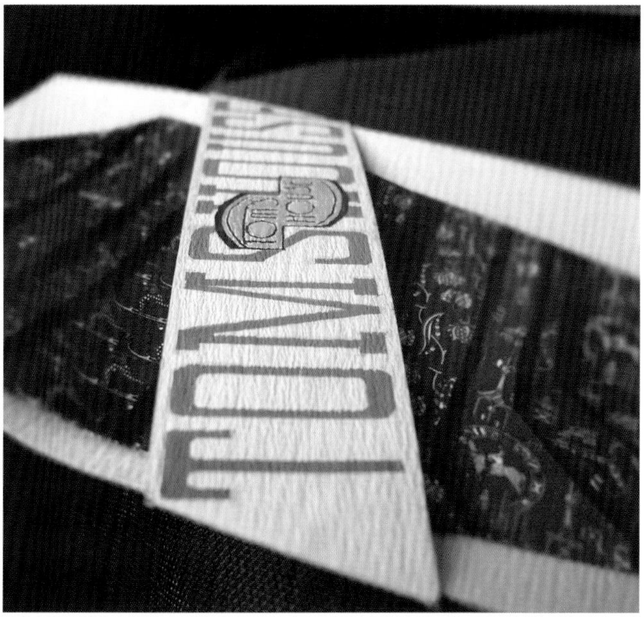

纸袋及小件物品的VI色彩规范

VI的色彩涉及面广泛，从平面到立体陈列统统囊括，如下列举的作品都是2000级广告班的同学们的课程作业，要求学生将平面视觉传达向空间展示设计方向延展，着重训练学生的色彩传达能力和整体效果把控能力，加强观者的感性认识。

在色彩配置中，最丰盛的莫过于彩虹色的搭配了，本案从造型的独创性到用色风格都时尚跳跃，色彩活跃却有章法可循。

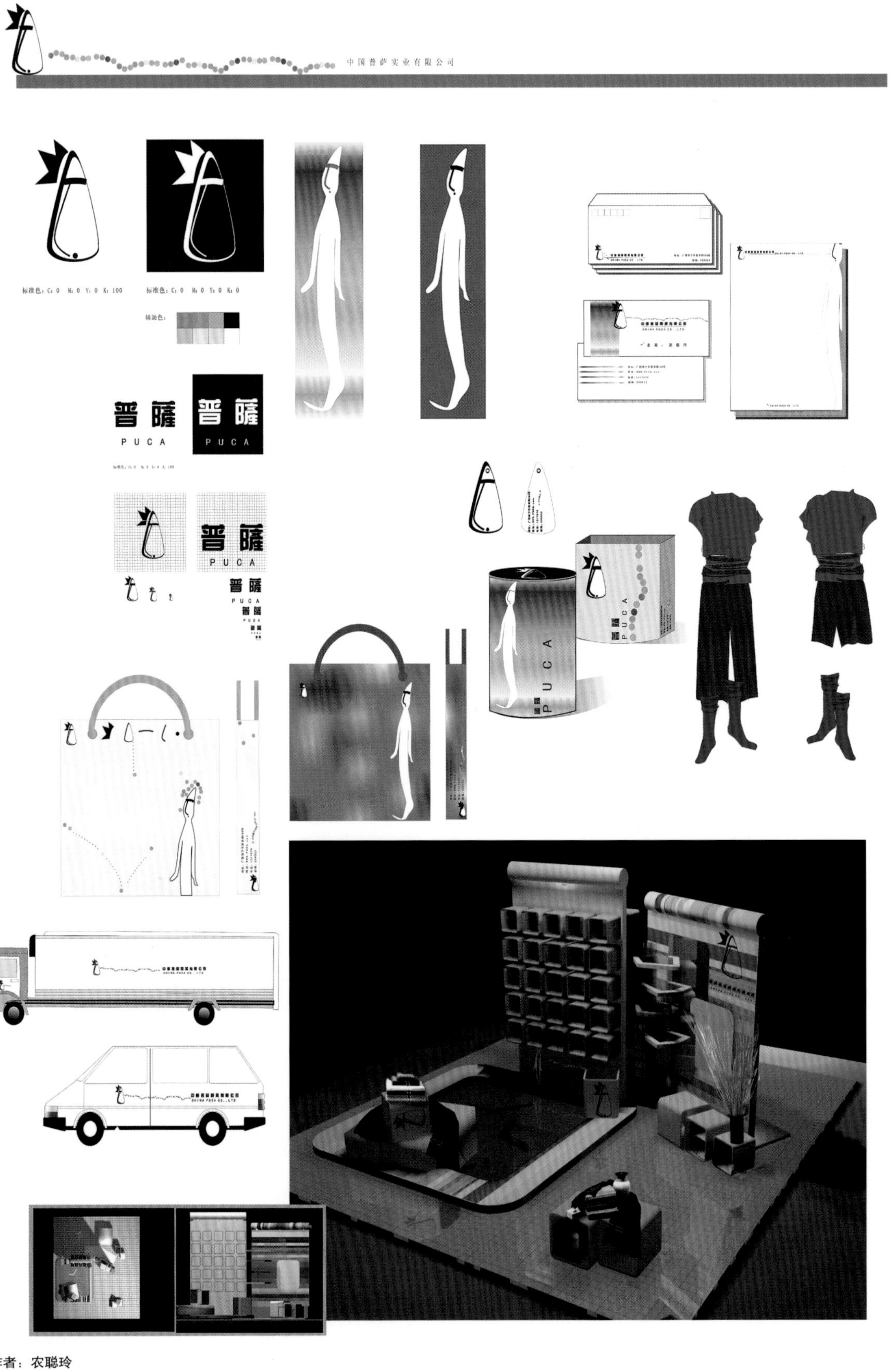

作者：农聪玲

壹诺服饰POP展台

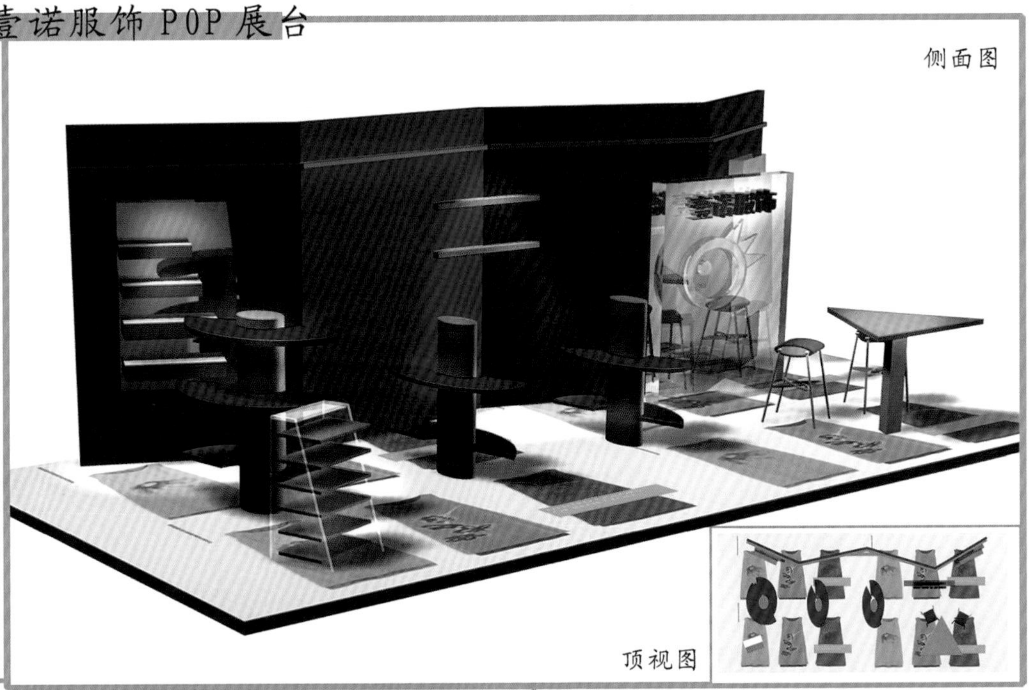

侧面图

顶视图

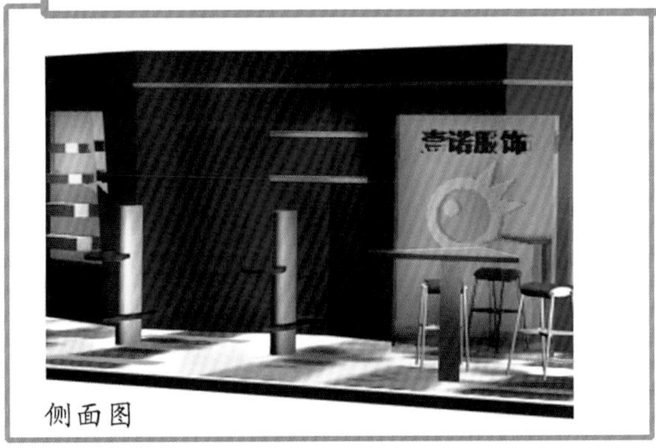

侧面图

视觉识别（部分）

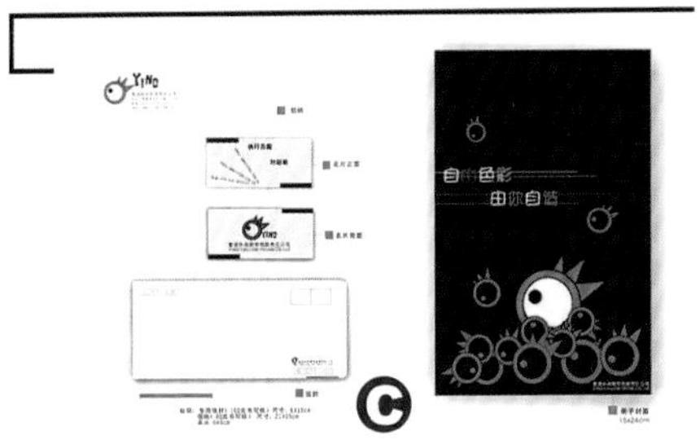

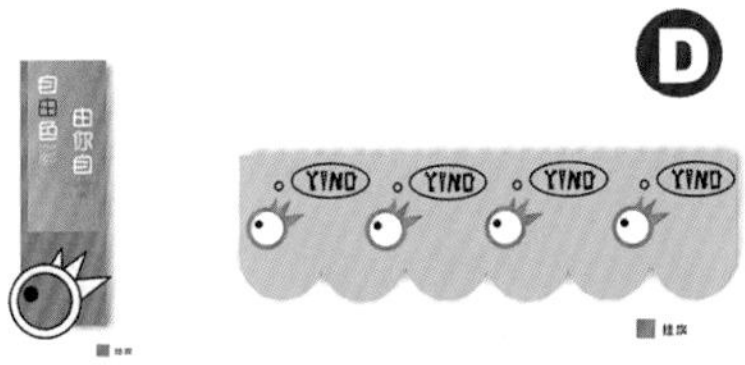

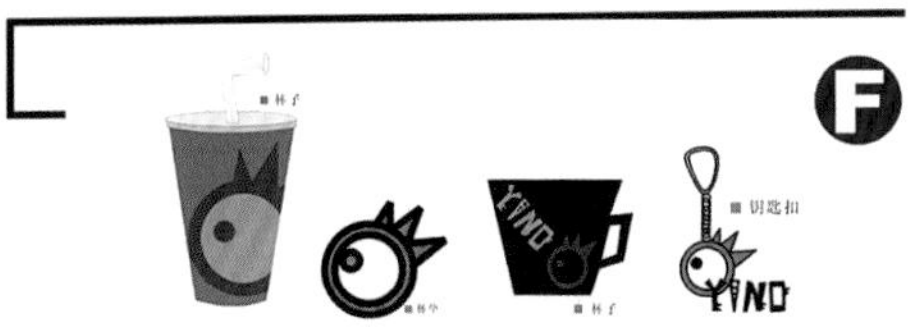

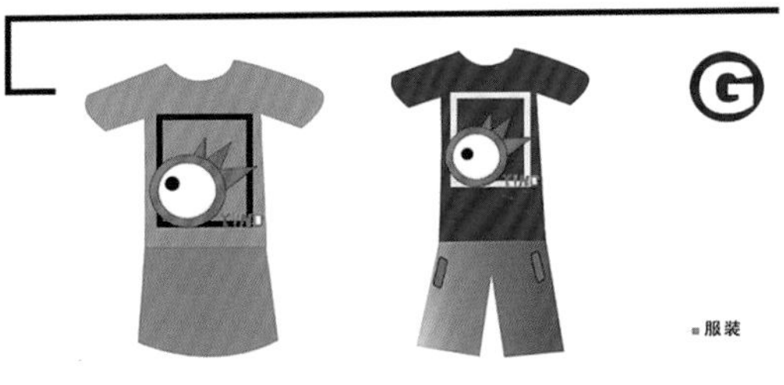

服装

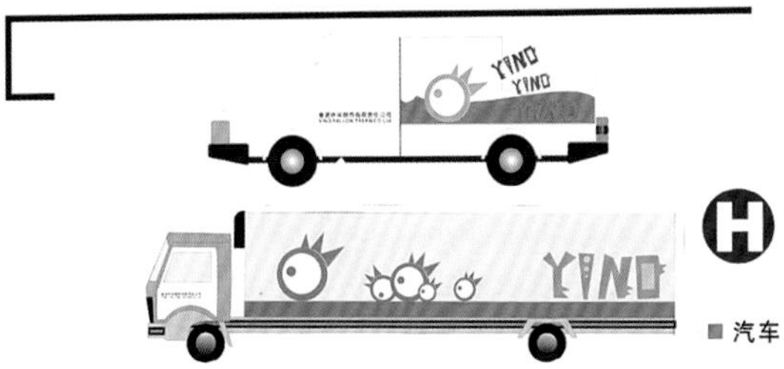

汽车

卡通图形搭配跳跃的色彩，年龄定位十分准确

作者：叶丽菊

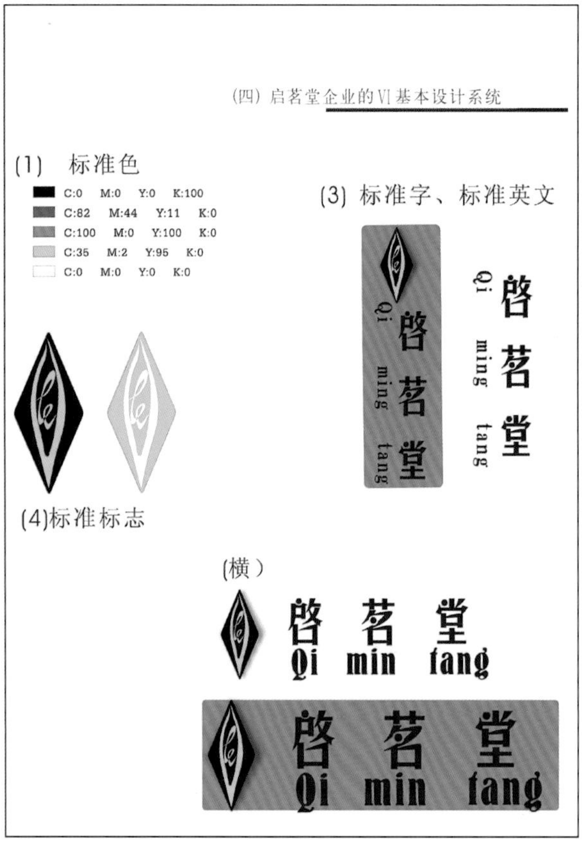
(四) 启茗堂企业的VI基本设计系统
(1) 标准色
C:0 M:0 Y:0 K:100
C:82 M:44 Y:11 K:0
C:100 M:0 Y:100 K:0
C:35 M:2 Y:95 K:0
C:0 M:0 Y:0 K:0
(3) 标准字、标准英文
啓茗堂
Qi ming tang
(4)标准标志
(横)
啓 茗 堂
Qi min tang
啓 茗 堂
Qi min tang

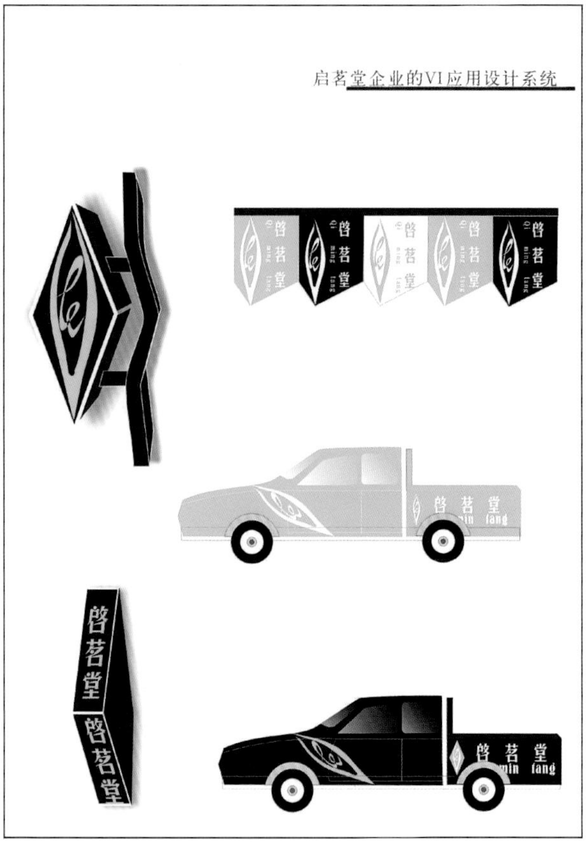
启茗堂企业的VI应用设计系统
啓茗堂

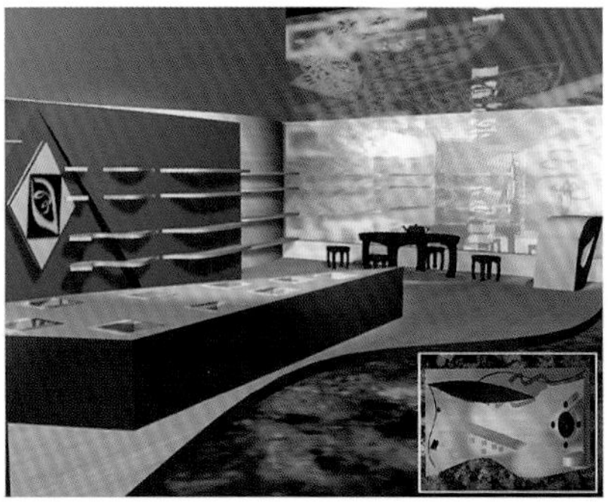

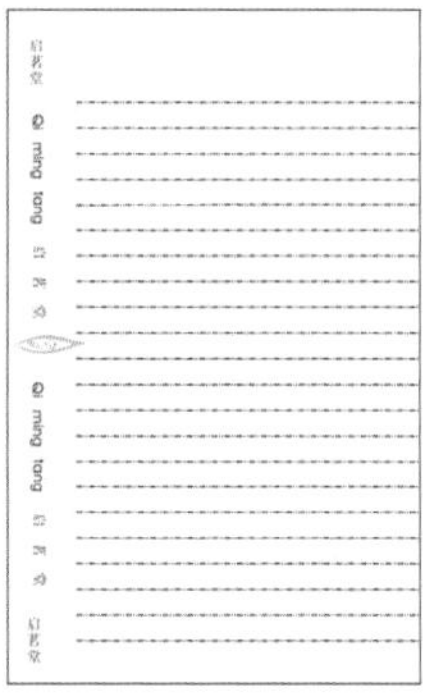

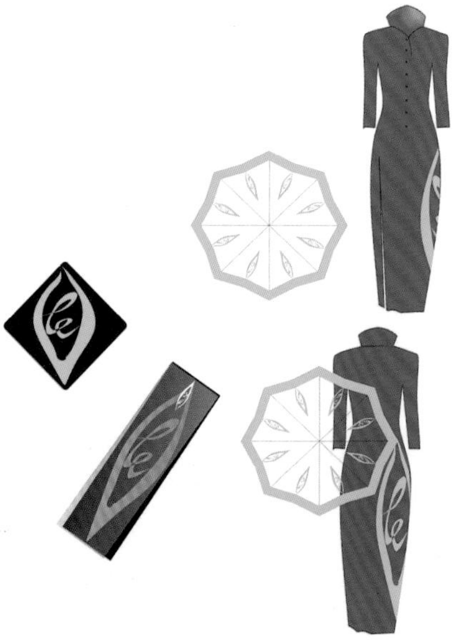

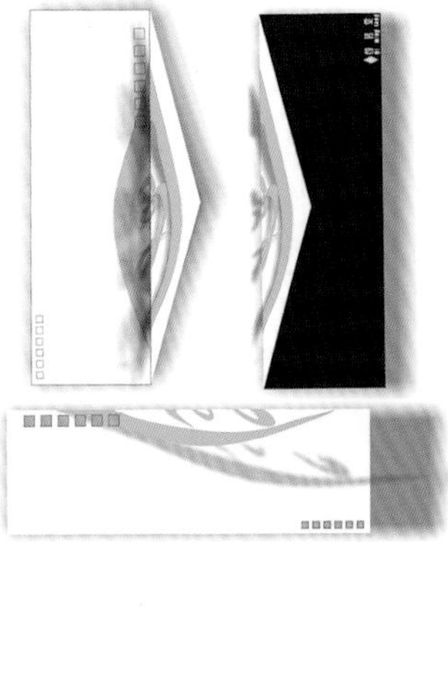

作者：龙海燕

用茶的原色来做企业形象的标准色，更易让受众接受和记忆

比蒙视觉识别系统

标志

标志

标志制作图:

标准字:

比蒙玩具有限公司
比蒙玩具有限公司
比蒙玩具有限公司

比蒙玩具有限公司
比蒙玩具有限公司
比蒙玩具有限公司
比蒙玩具有限公司

BIMENG TOY COMPANY
BIMENG TOY COMPANY
BIMENG TOY COMPANY

标准色

C:6 M:60 Y:90 K:0

K:100

比蒙视觉识别系统

工作服:

轿车:

卡车:

作者：秦 科

比蒙视觉识别系统

工作证:

文件夹:

礼品袋:

信封:

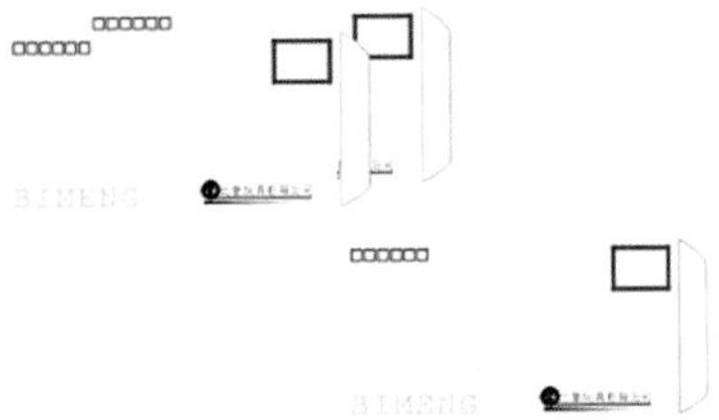

公文袋:

比蒙视觉识别系统

POP展示图

效果图:

顶视图:

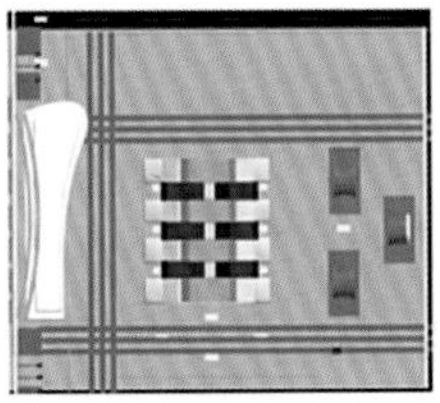

作者：秦　科

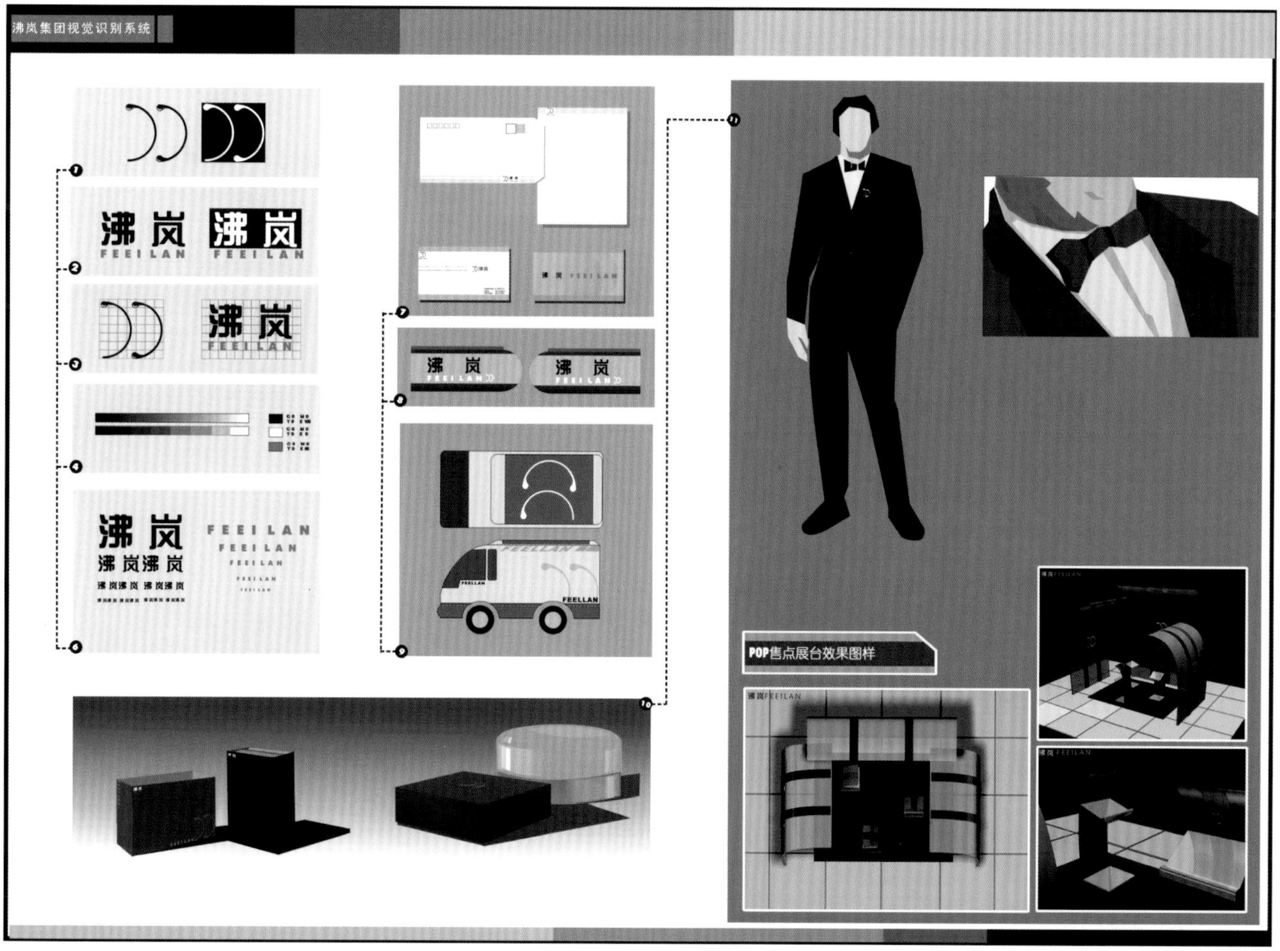

作者：崔向上

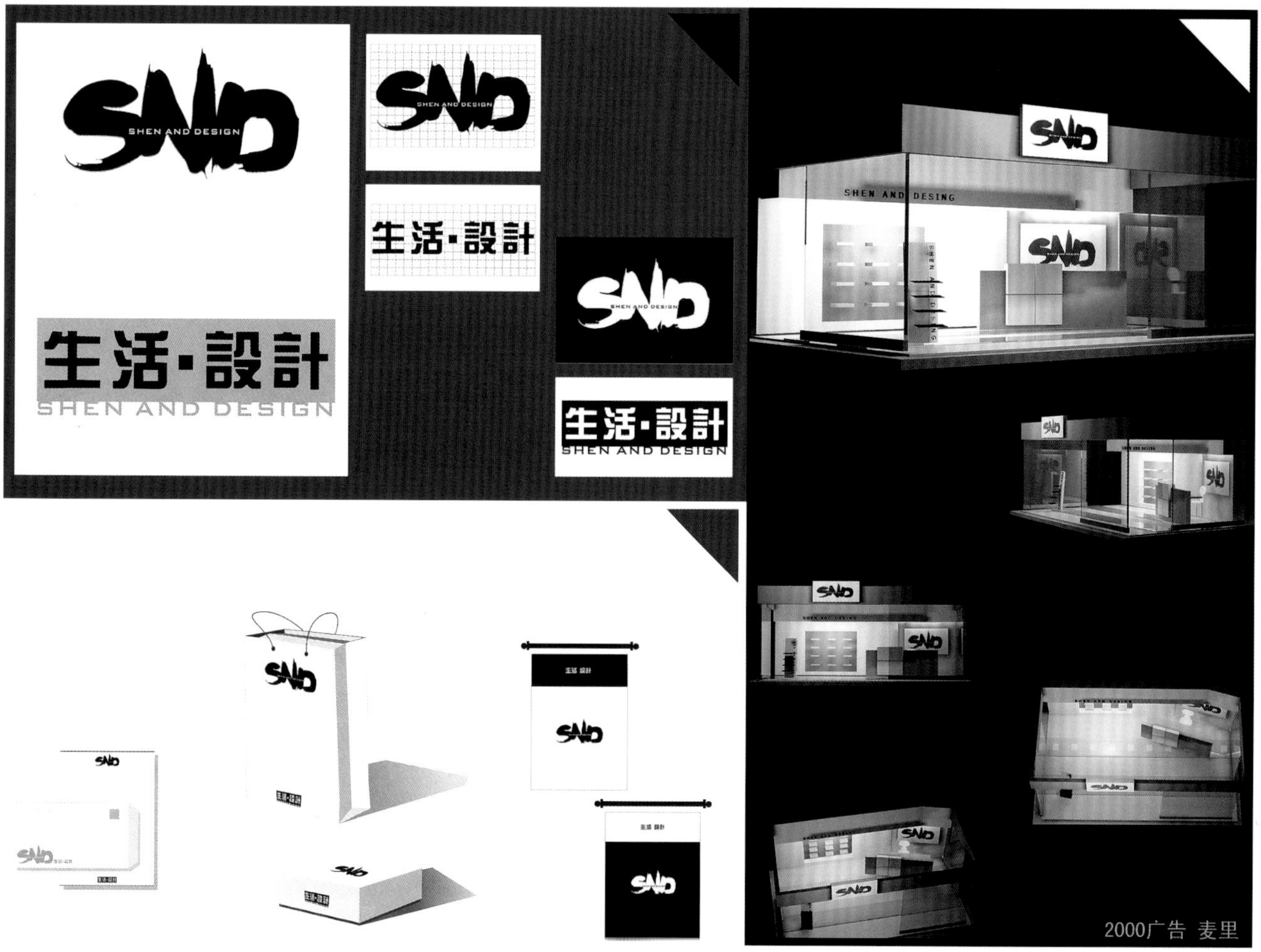

2000广告 麦里

1. 标志(色稿)
2. 标志(标准稿)
3. 标志(黑稿)
4.5. 标准字体
6. 标准色

(1)

(2)

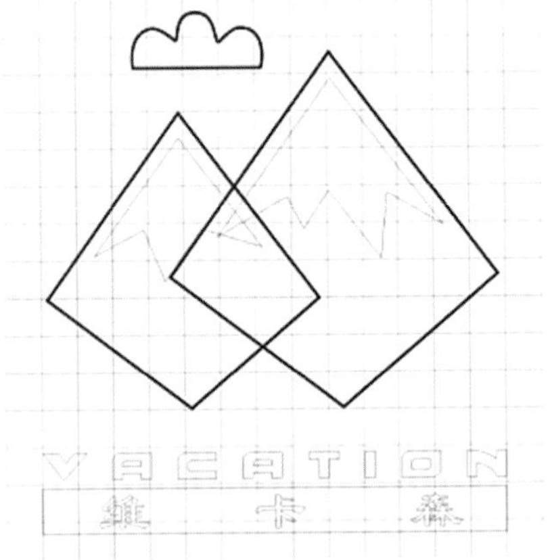

(3)

(4) VACATION

(5) 维 卡 森

(6)

C	0	
M	60	
Y	100	
K	0	

C	0
M	60
Y	100
K	0

C	0
M	0
Y	0
K	100

设计者：李朝枢　　指导老师：周景秋

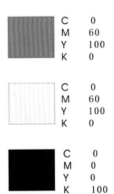

1.5. 标志与中文结合

2.4. 标志与英文结合

3. 标志黑白稿运用

6. 标志与中英文结合运用

(1)

维 卡 森

(2)

VACATION

(3)

VACATION
维 卡 森

VACATION
维 卡 森

(4)

VACATION

(5)

维 卡 森

(6)

VACATION
维 卡 森

设计者：李朝枢　　指导老师：周景秋

1. 公司广告牌
2. POP挂旗
3. 大型挂旗
4. 公司多用途小车

(1)

(2)

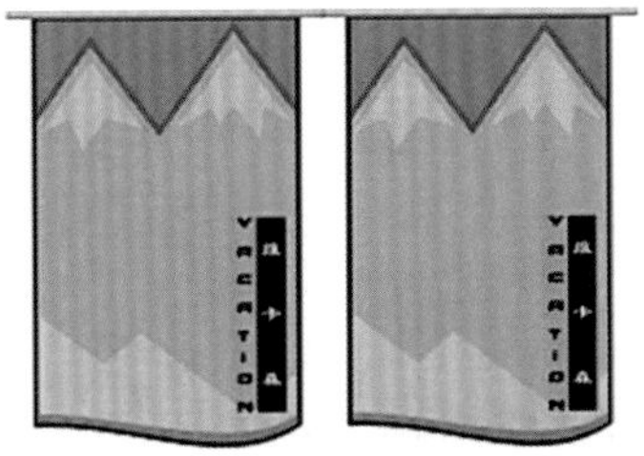

(3)

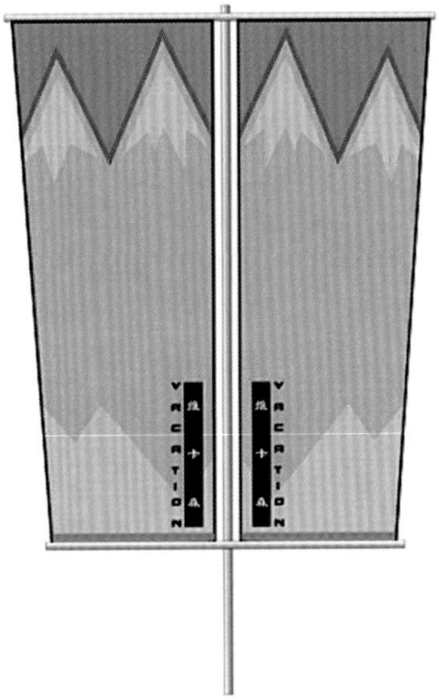

(4)

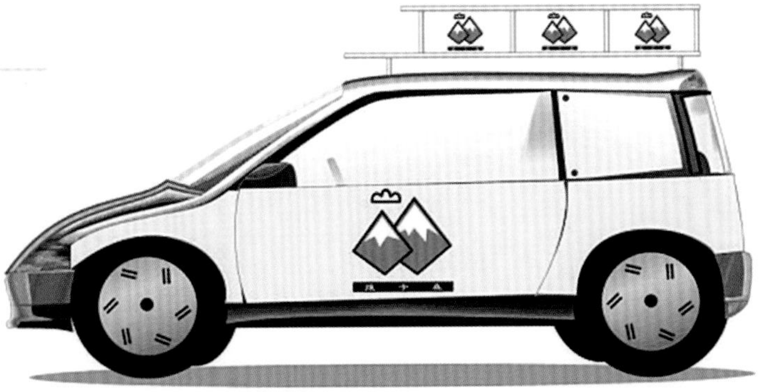

设计者：李朝枢　　指导老师：周景秋

1. 公司信封
2. 公司信纸、信笺
3. 公司名片(正反面)

(1)

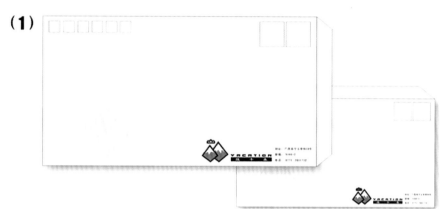

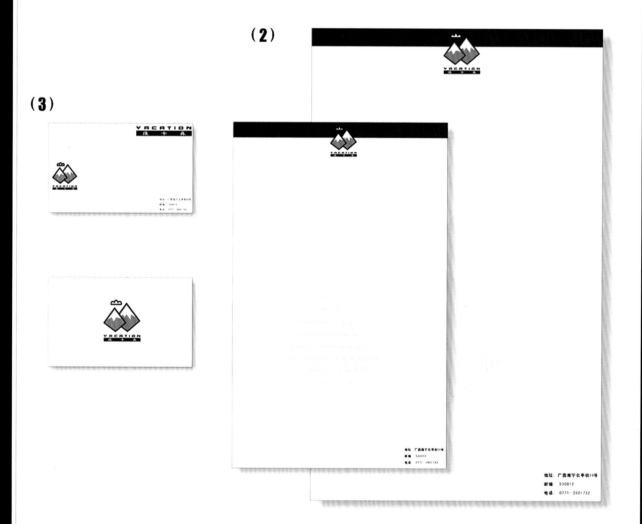

(2)

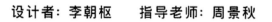

(3)

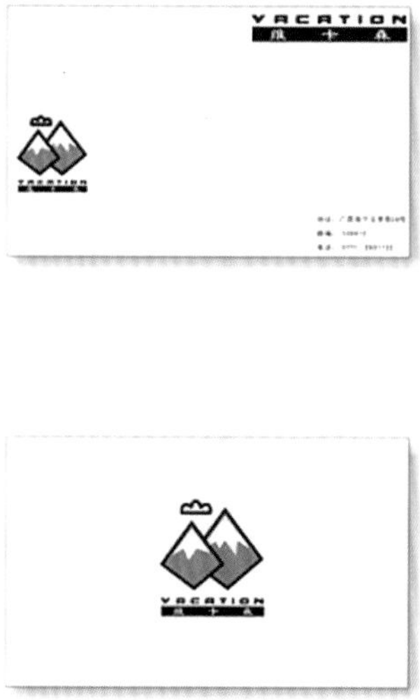

设计者：李朝枢　　指导老师：周景秋

维卡森户外运动产品视觉识别设计

1. 职员帽子　　2. 职员鞋子
3. 购物纸袋　　4. 职员服装

(1)

(2)

(3)

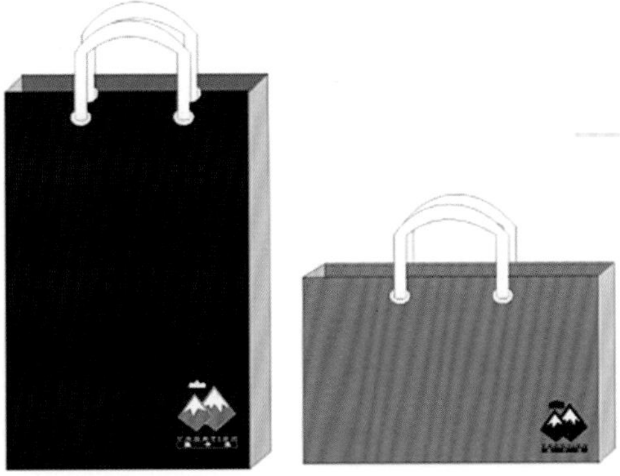

(4)

设计者：李朝枢　　指导老师：周景秋

反自然色的户外品牌色彩运用，与同类产品产生品牌差异化

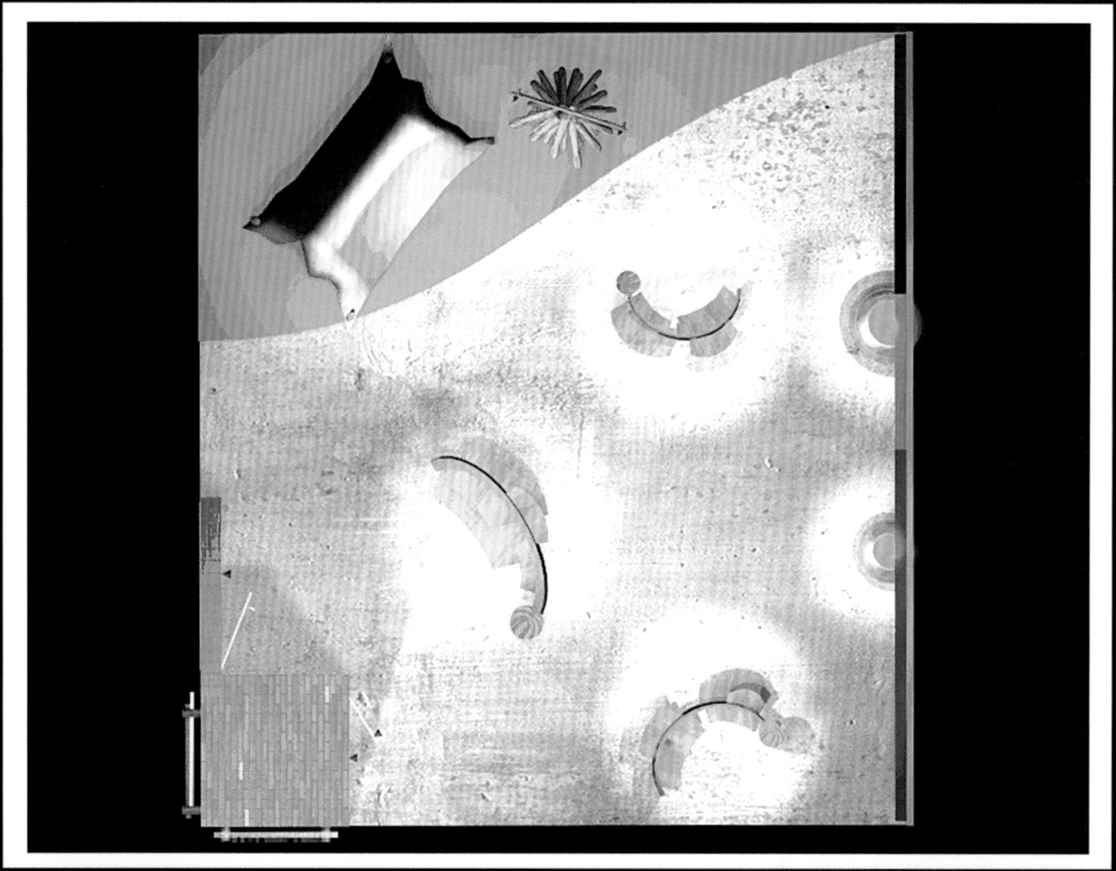

维卡森
VACATION

海报

宣传单页

手提袋

手提袋

服装

服装

Clock.

Cool Mo.mo.游戏公司

作者：钟奇钢

Cool Mo.mo.游戏公司 VI

应用系统07

恐怖的图形与可爱的文字在一起，整套VI体现了游戏的戏剧性和刺激的娱乐性

作者：钟奇钢

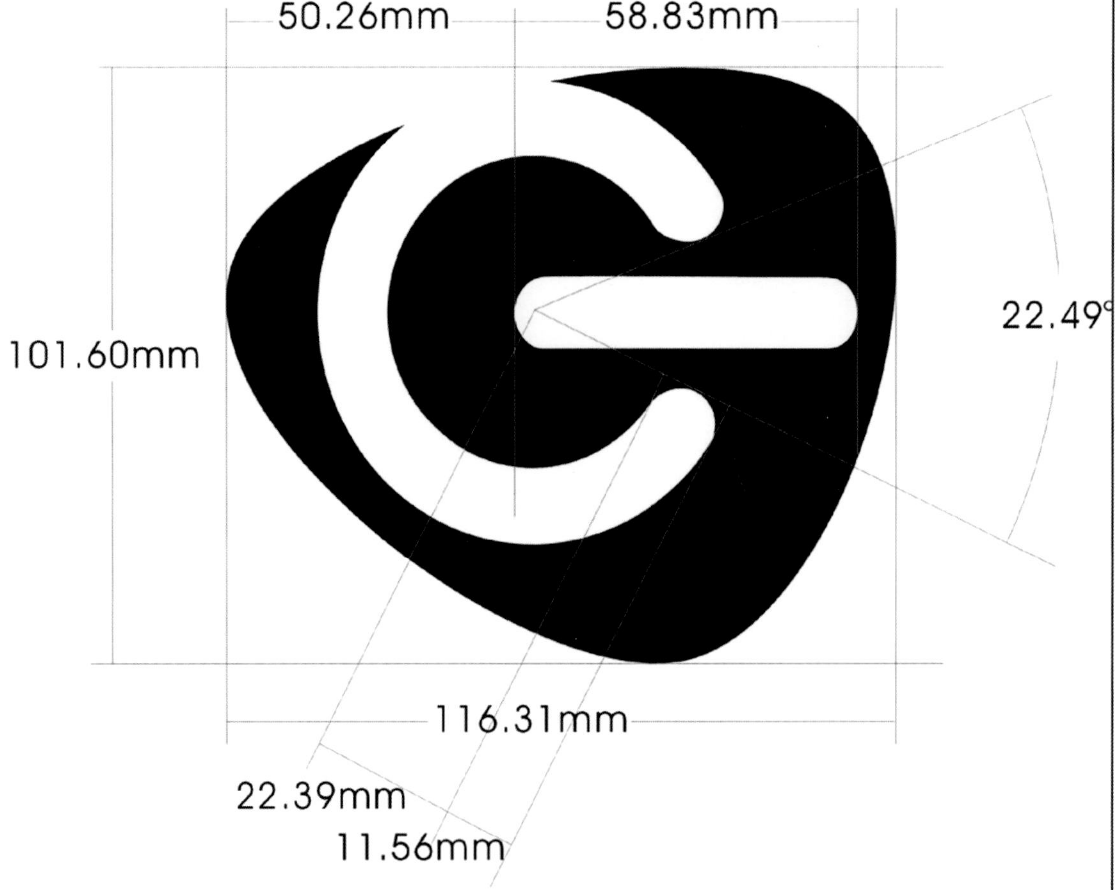
50.26mm
58.83mm
22.49°
101.60mm
116.31mm
22.39mm
11.56mm

不规则的圆形背景代表按键，在其中的符号代表开机电源。标志图形所代表的含义，既是表示手机的开关，一切的开始，又意味着一切将如愿形成，不管您想通过手机达成什么愿望，只要按下开关，一切将会实现。

RUYIOPEN
如意快捷键

C：90 M：90
Y：7 K：0

C：0 M：0
Y：0 K：100

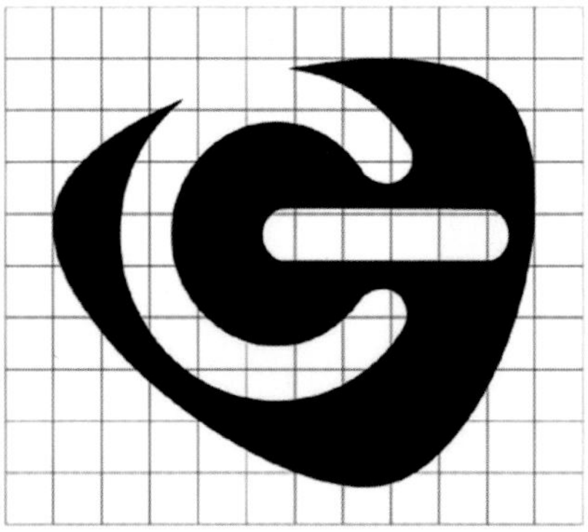

RUYIOPEN
如意快捷键

作者：钟奇钢

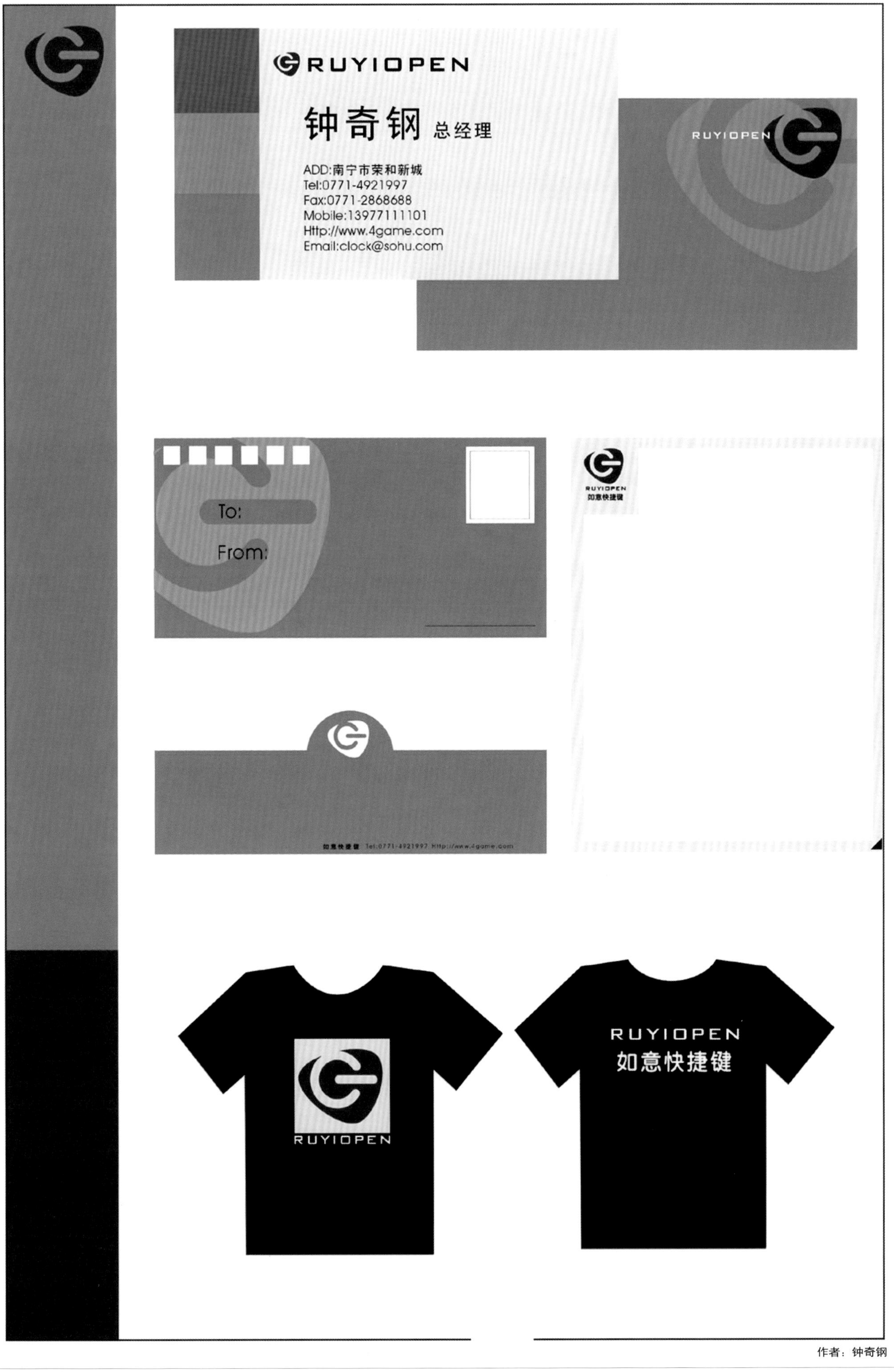
RUYIOPEN
钟奇钢 总经理
ADD:南宁市荣和新城
Tel:0771-4921997
Fax:0771-2868688
Mobile:13977111101
Http://www.4game.com
Email:clock@sohu.com
RUYIOPEN
To:
From:
如意快捷键 Tel:0771-4921997 Http://www.4game.com
RUYIOPEN
如意快捷键
RUYIOPEN
RUYIOPEN
如意快捷键

作者：钟奇钢

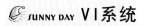

SUNNY DAY VI系统

a.标准标志

C.标准色

C:0 M:20 Y:100 K:0

C:2 M:5 Y:10 K:0

C:84 M:73 Y:73 K:91

d.辅助色

C:3 M:11 Y:32 K:0

桑蒂德兒童床上用品有綫公司
SUNNY DAY CHILDREN BEDDING CO.LTD

b.标准字

e.变形标志

A.贵宾卡

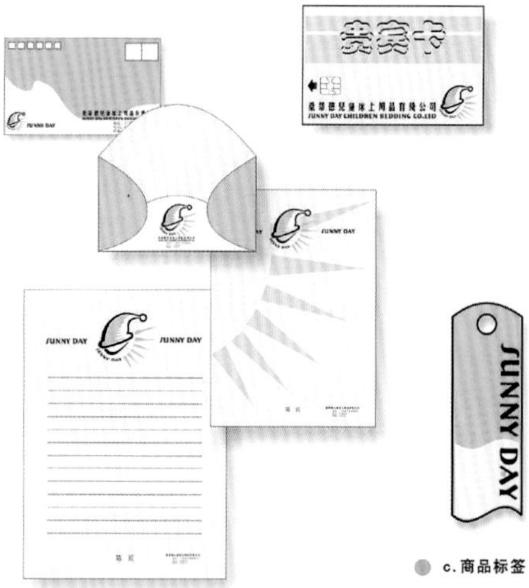

b.信纸、信签

c.商品标签

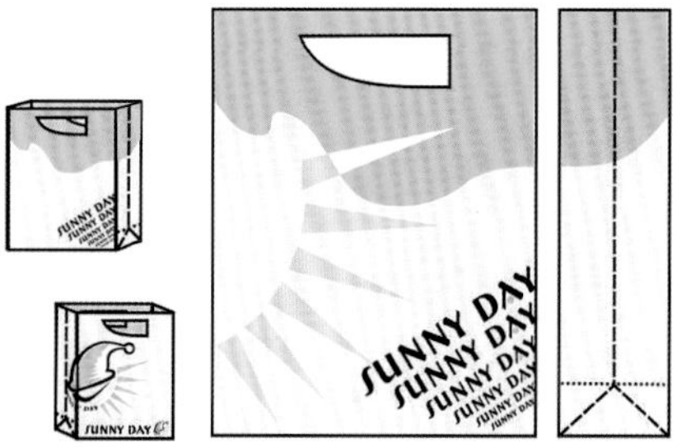

D.购物袋

H.货车

e.宣传册

F.纸杯、咖啡杯

H.横式桌旗

g.导购小姐服装

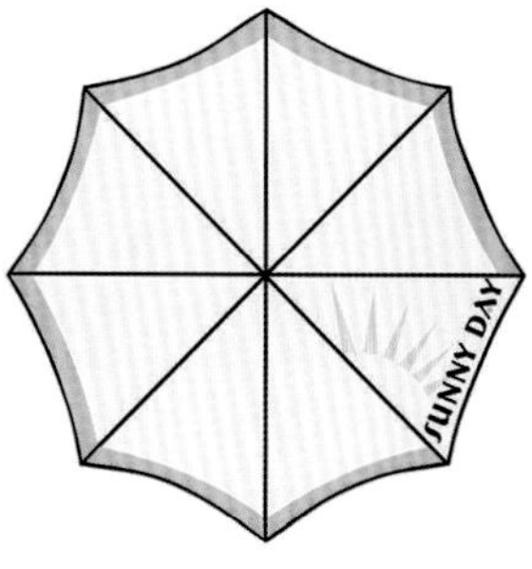

I.雨伞

作者：莫 莉

温馨的色彩，可爱的图形，很好地把握了父母的色彩心理

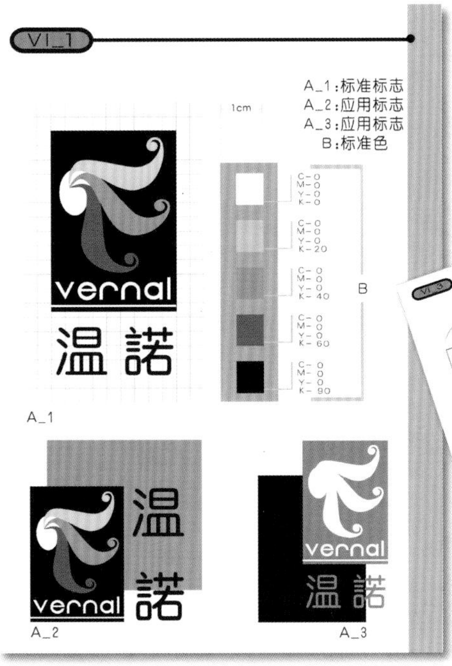
VI_1
A_1:标准标志
A_2:应用标志
A_3:应用标志
B:标准色
1cm
vernal
温諾
C-0
M-0
Y-0
K-0
C-0
M-0
Y-0
K-20
C-0
M-0
Y-0
K-40
C-0
M-0
Y-0
K-60
C-0
M-0
Y-0
K-90
B
A_1
A_2
A_3

挂旗
路牌
灯箱
工作卡

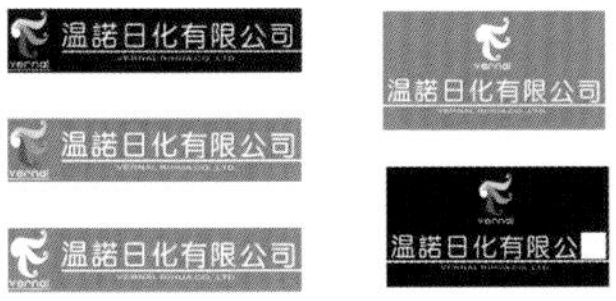
温諾日化有限公司

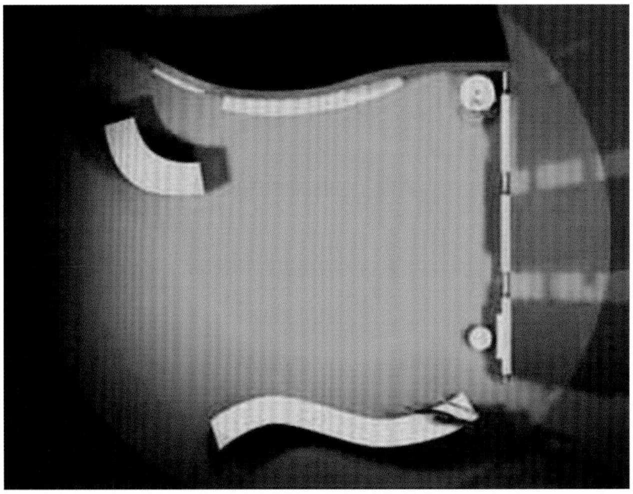

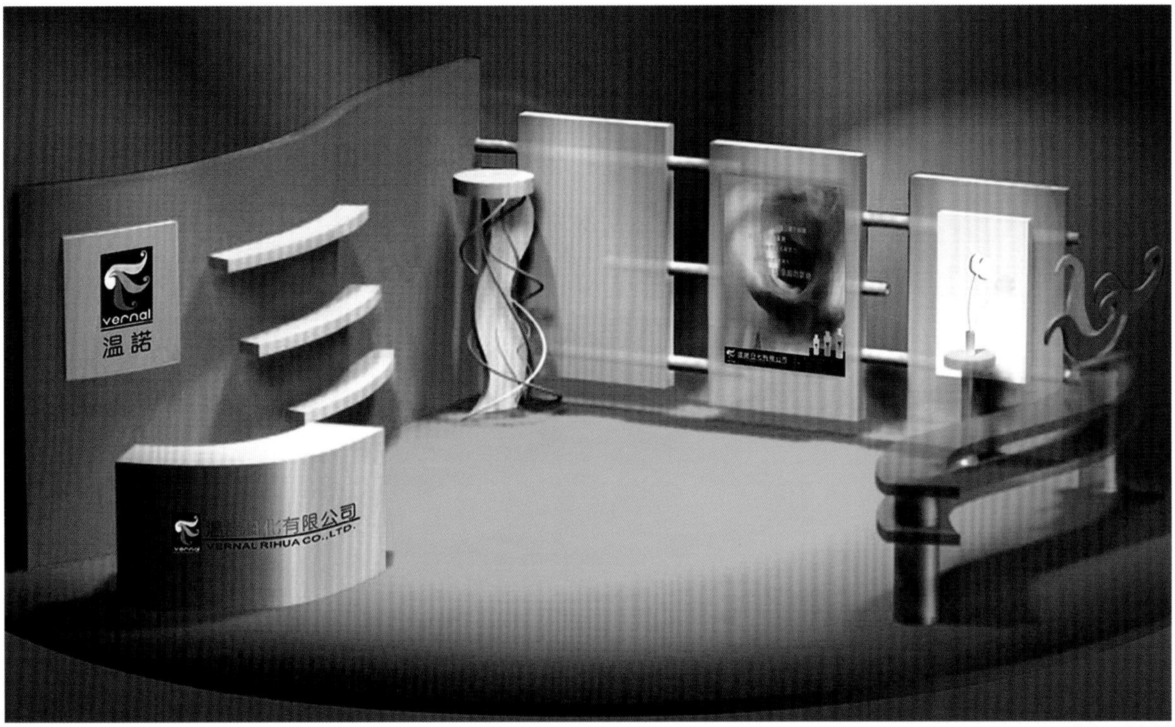
vernal
温諾
VERNAL RIHUA CO.,LTD.

作者：宁媛媛

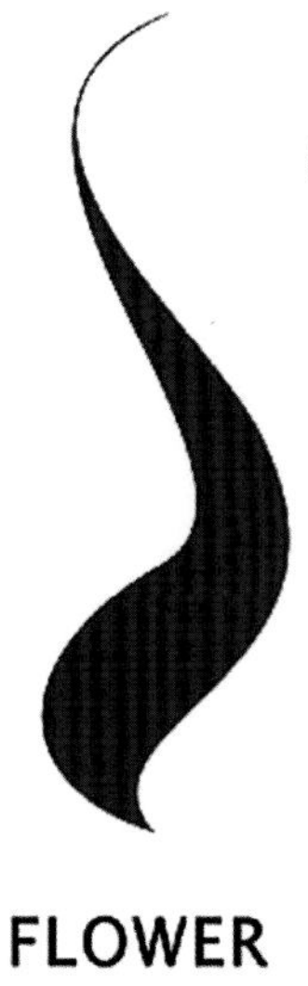

(1)

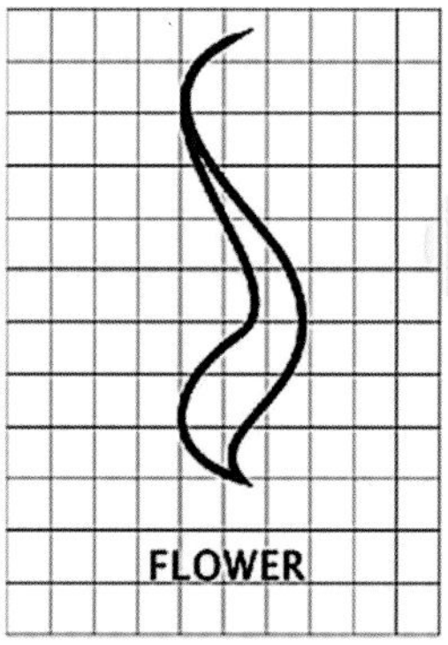

(2)

花儿 FLOWER

(3)

(4)

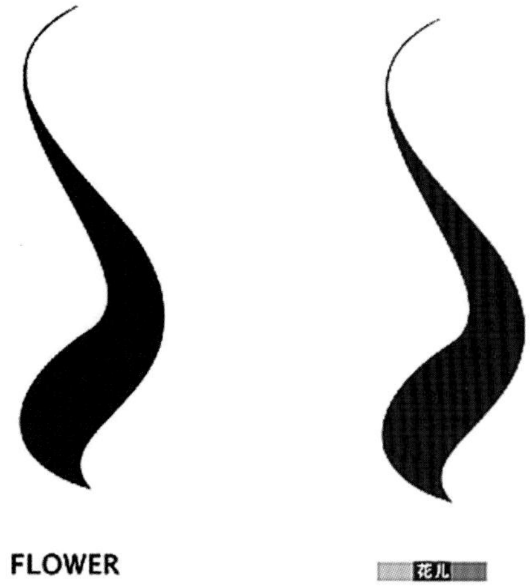

(5)

(1) 标志

(2) 标准制作图

(3) 标准字

(4) 标准字（中文）

(5) 标志与英文中文的组合

(6) 组色补助盥应用色

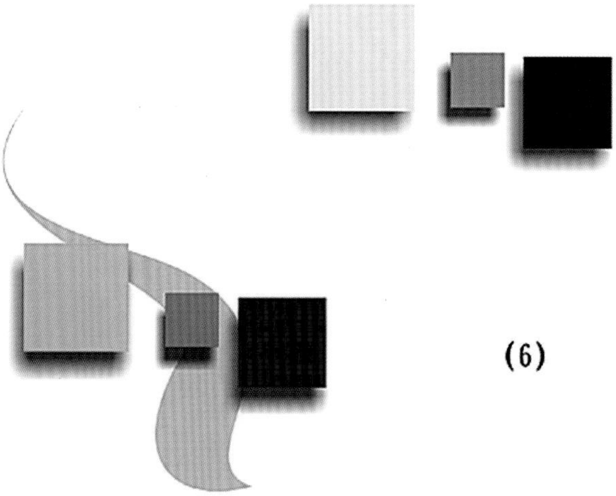

(6)

作者：李 伟

FLOWER 时尚洗发产品视觉识别

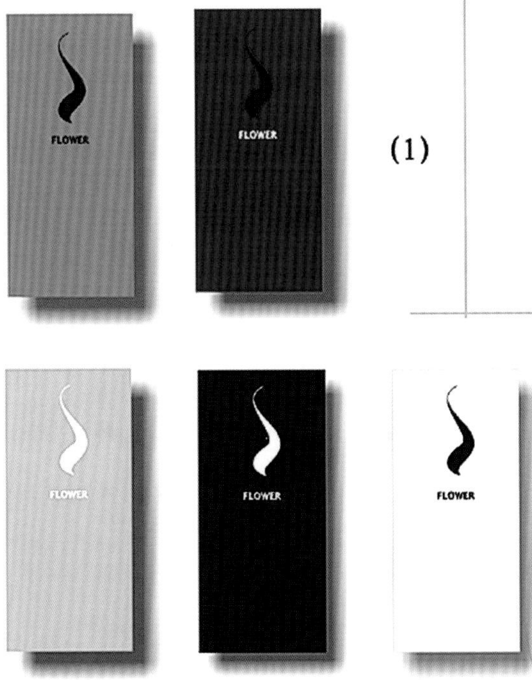

(1)

(2)

(3)

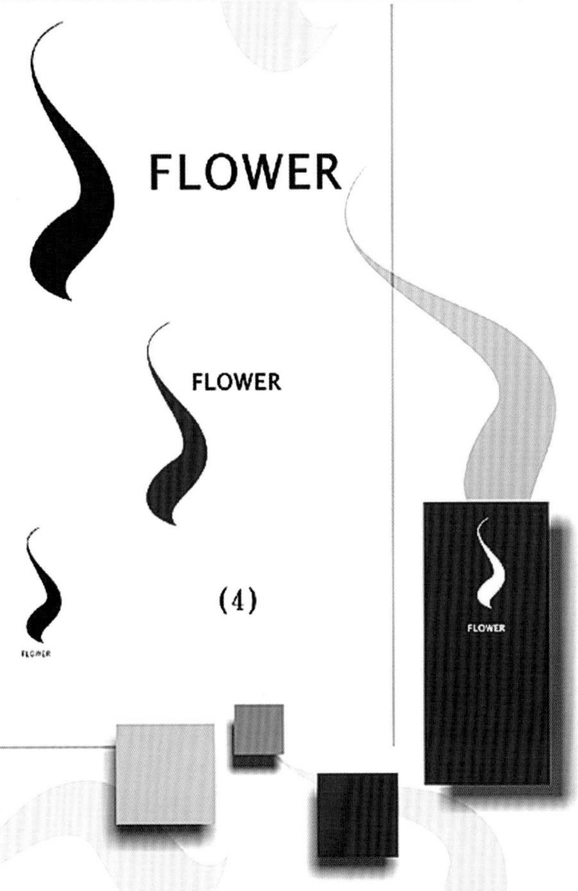

(4)

(1) 书签

(2) 名片

(3) 文件夹封面

(4) 标志与文字的组合

WER 时尚洗发产品视觉识别设计

作者：李 伟

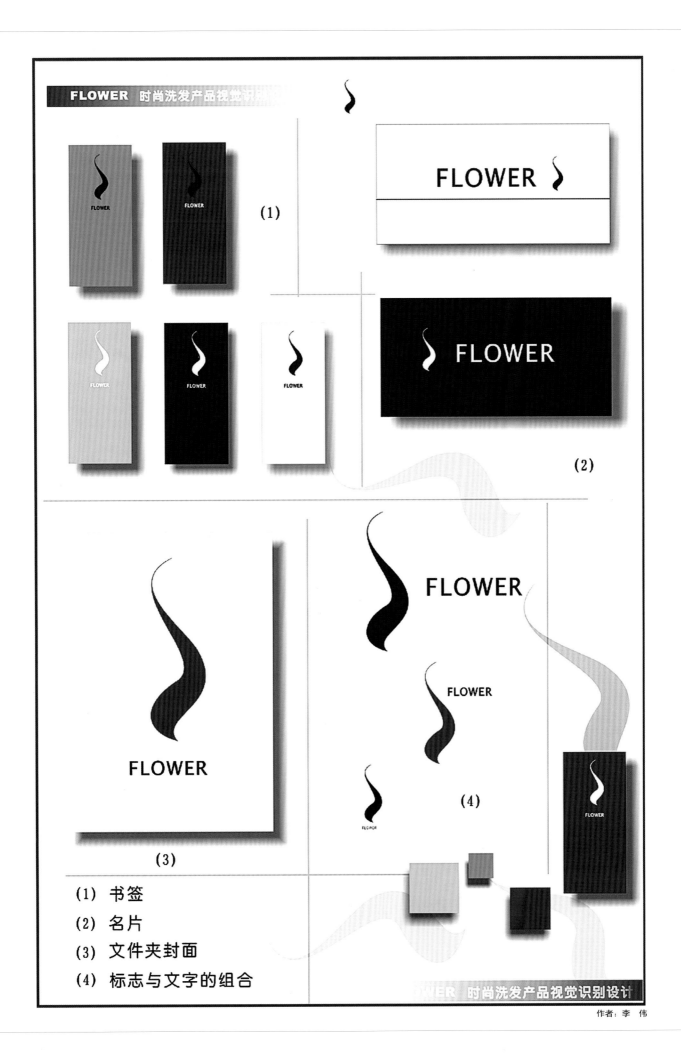

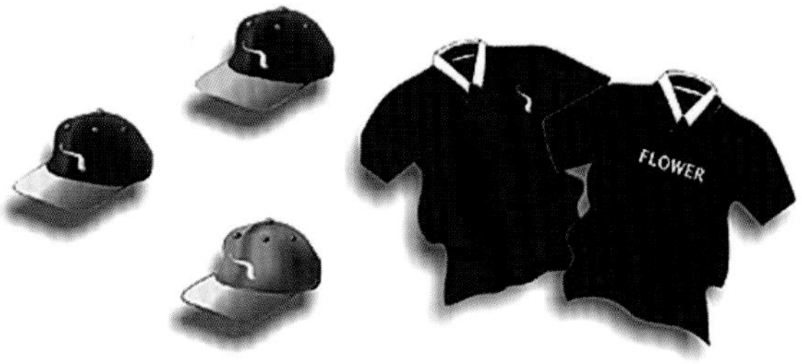

(1)

(2)

(3)

(4)

(1) 帽子与导购服

(2) 帽子与衣服的组合

(3) 手提袋

(4) 专用车

作者：李 伟

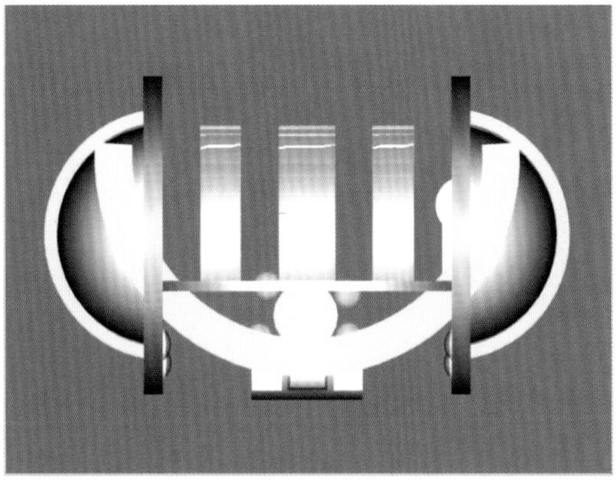

钟表品牌视觉识别设计

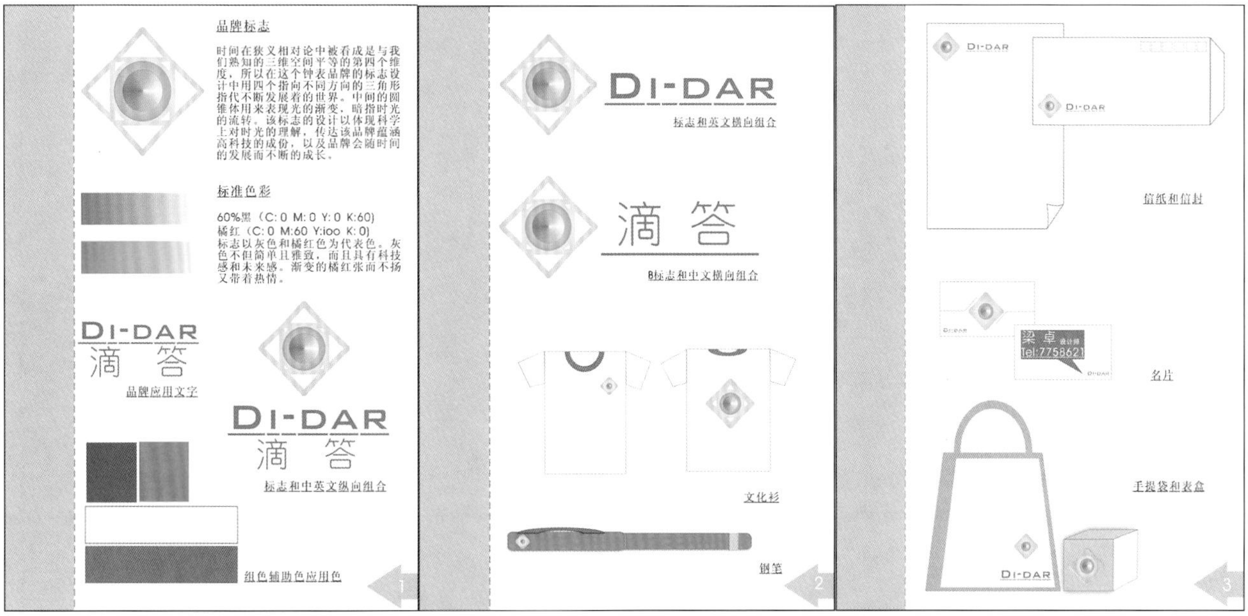
品牌标志
时间在狭义相对论中被看成是与我们熟知的三维空间平等的第四个维度，所以在这个钟表品牌的标志设计中用四个指向不同方向的三角形指代不断发展着的世界。中间的圆锥体用来表现光的渐变，暗指时光的流转。该标志的设计以体现科学上对时光的理解，传达该品牌蕴涵高科技的成份，以及品牌会随时间的发展而不断的成长。
标准色彩
60%黑（C: 0 M: 0 Y: 0 K:60)
橘红（C: 0 M:60 Y:ioo K: 0)
标志以灰色和橘红色为代表色。灰色不但简单且雅致，而且具有科技感和未来感。渐变的橘红张而不扬又带着热情。
DI-DAR
滴 答
品牌应用文字
DI-DAR
滴 答
标志和中英文纵向组合
组色辅助色应用色
1
DI-DAR
标志和英文横向组合
滴 答
标志和中文横向组合
文化衫
钢笔
2
DI-DAR
信纸和信封
梁 卓 设计师
Tel:7758621
名片
手提袋和表盒
DI-DAR
3

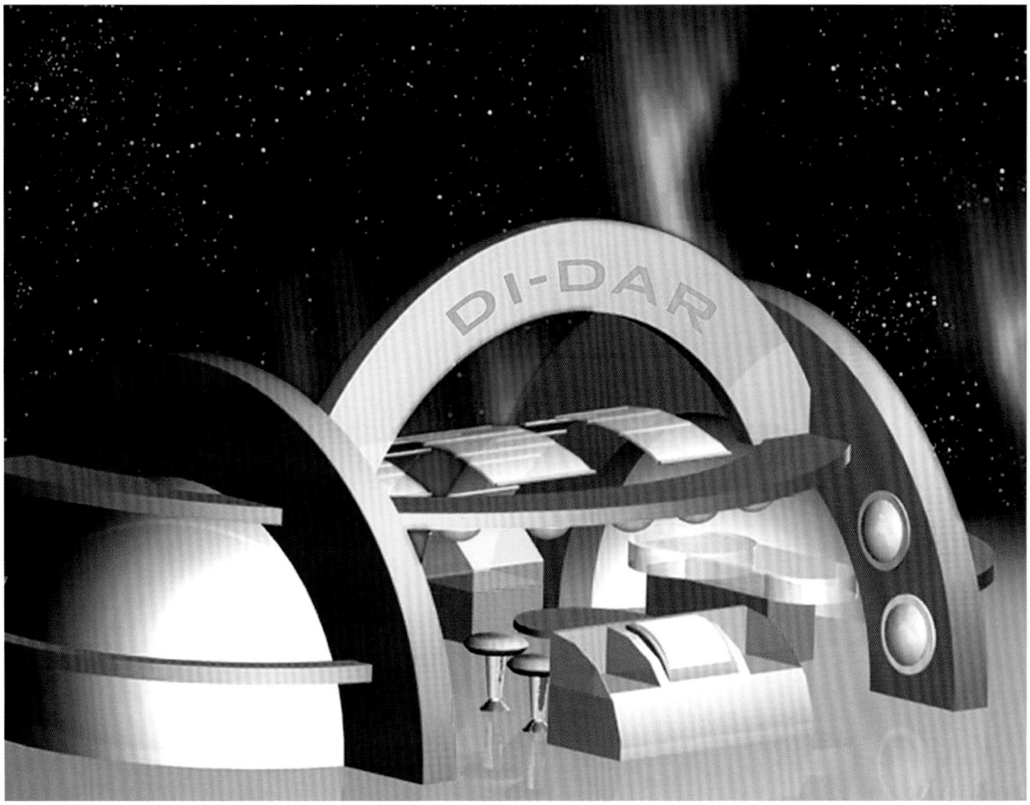
DI-DAR

标志的循规蹈矩，正好体现了该品牌的科技含量

作者：梁 卓

图书在版编目(CIP)数据

VI设计色彩／陆红阳编著．—南宁：广西美术出版社，2005.2
(现代设计色彩教材丛书)
ISBN 7-80674-596-3

Ⅰ．V... Ⅱ．陆... Ⅲ．标志—设计—色彩学
Ⅳ．J524.4

中国版本图书馆CIP数据核字（2005）第010800号

艺术顾问 柒万里 黄文宪
主　　编 陆红阳 喻湘龙
编　　著 周景秋
编　　委 汤晓山 陆红阳 喻湘龙 林燕宁
何 流 周景秋 利 江 陶雄军
李 娟
出 版 人 伍先华
终　　审 黄宗湖
策　　划 姚震西
责任编辑 白 桦
文字编辑 于 光
校　　对 黄 艳 陈小英 刘燕萍 尚永红
封面设计 姚震西
版式设计 白 桦

丛书名：现代设计色彩教材丛书
书　名：V I设计色彩
出　版：广西美术出版社
地　址：南宁市望园路9号(530022)
发　行：广西美术出版社
制　版：广西雅昌彩色印刷有限公司
印　刷：深圳雅昌彩色印刷有限公司
版　次：2005年4月第1版
印　次：2005年4月第1次
开　本：889mm × 1194mm 1/16
印　张：6
书　号：ISBN 7-80674-596-3/J · 426
定　价：32.00元